“十四五”职业教育国家规划教材

山东省职业教育教学改革项目成果（课题编号 2015013）

# 基础化学实验

刘丹赤　主编

中国轻工业出版社

**图书在版编目（CIP）数据**

基础化学实验/刘丹赤主编．—北京：中国轻工业出版社，2024.9
ISBN 978-7-5184-1491-8

Ⅰ.①基… Ⅱ.①刘… Ⅲ.①化学实验-高等职业教育-教材
Ⅳ.①06-3

中国版本图书馆 CIP 数据核字（2017）第 158777 号

责任编辑：张　靓　　文字编辑：刘逸飞　　整体设计：锋尚设计
责任终审：唐是雯　　责任校对：燕　杰　　责任监印：张　可

出版发行：中国轻工业出版社（北京鲁谷东街 5 号，邮编：100040）
印　　刷：北京君升印刷有限公司
经　　销：各地新华书店
版　　次：2024 年 9 月第 1 版第 8 次印刷
开　　本：720×1000　1/16　印张：11.25
字　　数：240 千字
书　　号：ISBN 978-7-5184-1491-8　定价：28.00 元（附配套任务工单）
邮购电话：010-85119873
发行电话：010-85119832　010-85119912
网　　址：http://www.chlip.com.cn
Email：club@chlip.com.cn



241618J2C108ZBW

# 本书编写人员


**主　　编**　刘丹赤（日照职业技术学院）

**副 主 编**　汪海燕（日照职业技术学院）

王　朋（日照市质量检验检测研究院）

杜延兵（山东商务职业学院）

**参编人员**　刘　群（日照职业技术学院）

杨建华（日照职业技术学院）

靳桂双（日照职业技术学院）

尹　玲（日照职业技术学院）

王文哲（日照职业技术学院）

# 前言

本教材依据高职课程改革的思路，打破传统教材学科体系的构建模式，突出“做中学、学中做”的教学理念，建立以工作任务为核心的内容体系。本书将基础化学实验的基本知识和基本操作相关内容项目化，以典型工作任务为载体，将知识渗透到实验中去。主要包括实验前准备、滴定分析基本操作、滴定分析标准溶液的制备、重量分析基本操作和有机实验基本操作五个项目。每一项目又包含若干任务，每个任务分别进行任务描述、任务要求、相关知识、任务实施等内容的阐述。同时教材编写中加入大量的图片和图表，图文并茂，直观适用有针对性，更适合个体化的教与学，使学生更容易掌握操作要领。同时与教材配套开发任务工单，每一任务有任务描述、任务要求、学习过程、课外巩固和考核评价等环节。党的二十大召开以来，教材编写团队认真研读学习党的二十大报告，将党的二十大精神融入任务要求和考核评价。

本书中关键知识点以微课等丰富的数字化资源作为支撑并插入了二维码标识，可以通过微信扫描二维码的方式观看视频。

本书配有智慧职教平台在线开放课程 https://mooc.icve.com.cn/course.html?cid=JCHRZ263525，方便读者自学及教师搭建 SPOC 开展线上线下混合式教学。

扫描书中 3D 仿真二维码，下载 APP 安装完成后扫描二维码即可进行 3D 仿真体验学习。

MLabs Pro
安装程序

本教材由日照职业技术学院、山东商务职业学院两所院校的教师以及日照市质量检验检测研究院的专家联合编写，全书由刘丹赤统稿。本教材为山东省职业教育教学改革重点资助项目《“以赛促教　以赛促学　教学相长”助推高职食品检测类专业课程改革》（编号：2015013）的建设成果。

本教材可作为高职高专院校食品类、化工类、生物类、环境类等相关专业的教材，也可作为相关企业在职人员的培训教材及其技术人员的参考用书。

由于时间仓促和编者水平有限，书中难免有疏漏或不妥之处，恳请广大读者惠予指正，以便及时修订。

编　者

# 目录 Contents

# 项目一

# 实验前准备

## 任务一 实验室安全认知

实验室安全小游戏

实验室安全认知

### 任务描述

进入化学实验室，意味着经常与有毒、有腐蚀性、易燃易爆的化学药品打交道，经常使用易碎的玻璃器皿，所以在开始实验前，不仅要掌握扎实的化学理论知识，还必须具备实验室的安全知识和应急处理能力。

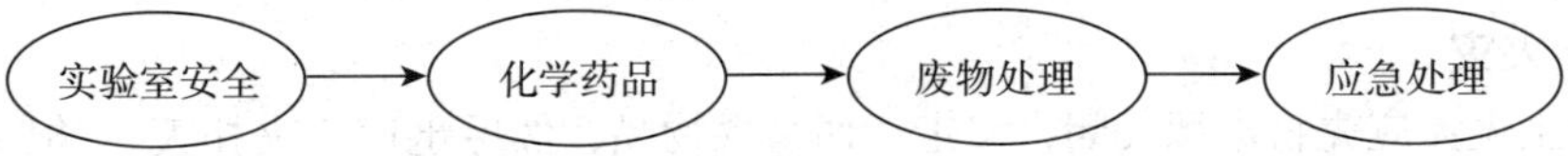


### 任务要求

（1）能安全规范使用实验室电、水、火相关设备。

（2）学会中毒、化学灼伤、割伤的应急处理措施。

（3）学会正确处理有毒化学物质。

（4）树立安全、绿色、环保、责任意识。

### 相关知识

#### 一、实验室安全守则

（1）进入实验室，需穿着统一的实验服。

（2）严禁在实验室内吃东西、吸烟，严禁在实验室嬉闹，养成良好的实验习惯。

（3）进入实验室开始工作前，应了解水阀及电闸所在处。 离开实验室时，一定要将室内检查一遍，应将水、电开关关好，门窗关好。

（4）要注意安全用电，不要用湿手、湿物接触电源，实验结束后应及时切断电源。

（5）会产生刺激性或有毒气体的实验，应在通风橱内进行。具有挥发性和易燃物质的实验，都应在远离火源的地方进行，最好在通风橱内进行。

（6）取用药品要选用药匙等专用器具，不能用手直接拿取，防止药品接触皮肤造成伤害。

（7）绝对不允许随意混合各种化学药品，以免发生意外事故。

（8）洗液、浓酸、浓碱具有强腐蚀性，应避免溅落在皮肤、衣服、书本上，更应防止溅入眼睛里。稀释时（特别是浓硫酸），应将它们慢慢倒入水中，并不断搅动，切勿将水倒入浓硫酸以免迸溅伤人。

（9）实验完毕离开实验室前，应选择合适洗涤用品，及时清洗双手。

## 二、实验室紧急情况的处理

实验过程中如果不慎发生意外事故，切莫惊慌，应立即采取适当的急救措施。

### 1. 触电

可按下列方法紧急处理：

（1）关闭电源；

（2）用干木棍使导线与被害者分开；

（3）急救时施救者应先做好防止触电的安全措施，手或脚必须绝缘。

实验室紧急情况的处理

### 2. 火灾

发生火灾应先将电源关闭，移走一切易燃物品，然后迅速将火扑灭。根据火势大小，可采用湿抹布、湿工作衣、沙土、灭火器、灭火水龙头等灭火。

### 3. 烫伤

一般用90%~95%酒精消毒后，涂2%苦味酸或5%鞣酸，若皮肤起泡（二级烫伤），不要弄破水泡，防止感染。若烧伤严重者，应用无菌纱布盖好伤口，急送医院处理。

### 4. 受玻璃割伤及其他机械损伤

首先必须检查伤口内有无玻璃或金属等碎片，然后用硼酸水洗净，再涂上碘酒，必要时用无菌纱布包扎。若伤口较大或过深而大量出血时，应迅速采取止血措施，同时送医院急救。

### 5. 灼伤

受强酸、强碱及某些腐蚀性物质腐蚀时，应立即用大量自来水冲洗，再用5%碳酸氢钠溶液或2%乙酸溶液涂洗。

### 6. 中毒

如有头痛、乏力、呼吸迟缓等中毒感觉，应立即打开窗户通风，到室外呼吸新鲜空气。皮肤上所沾试液应立即用冷的肥皂水洗掉，不可用热水，以免皮肤毛孔张开，反而使药物再次渗入体内。

## 三、实验室废弃物的处理

实验室废弃物的处理

基础化学实验中经常会产生各种废弃物，即所谓的“三废”：废气、废液、废渣。这些废弃物中常包含有毒、有污染成分，如不加以处理，很容易引起周边环境、水源、空气污染，形成公害。因此，必须合理处理。

### 1. 废气处理

实验室中凡可能产生有害废气的操作都应在通风的条件下进行，如加热酸、碱溶液及产生少量有毒气体的实验等应在通风橱中进行。实验室若排放毒性大且较多的气体，可参考工业上废气处理的办法，在排放废气之前，采用吸附、吸收、氧化、分解等方法进行预处理。

### 2. 废渣处理

实验室产生的有害固体废渣虽然不多，但绝不能将其与生活垃圾混倒。固体废弃物经回收、提取有用物质后，其残渣仍可对环境造成污染，必须进行必要的处理。

### 3. 废液处理

废液应根据其化学特性选择合适的容器和存放地点，使用密闭容器存放，不可混合贮存，标明废物种类、贮存时间，定期处理。具体处理方法如下：

（1）含镉废液的处理　用消石灰将镉离子转化成难溶于水的 $Cd(OH)_2$ 沉淀。即在镉废液中加入消石灰，调节 pH 至 10.6~11.2，充分搅拌后放置，分离沉淀，检测滤液中无镉离子时，将其中和后即可排放。

（2）含六价铬废弃物的处理　主要采用铁氧吸附法。即利用六价铬的氧化性，采用铁氧吸附法将其还原为三价铬，再向此溶液中加入消石灰，调节 pH 至 8~9，加热到 80℃左右，放置过夜，溶液由黄色变为绿色，排放废液。

（3）含铅废液的处理　原理是用 $Ca(OH)_2$ 把二价铅转为难溶的氢氧化铅，然后采用铝盐脱铅法处理，即在废液中加入消石灰，调节 pH 至 11，使废液中铅生成氢氧化铅沉淀，然后加入硫酸铝，将 pH 降至 7~8，即生成氢氧化铝和氢氧化铅共沉淀，放置，使其充分澄清后，检测滤液中不含铅，分离沉淀，排放废液。

（4）含砷废液的处理　利用氢氧化物的沉淀吸附作用，采用镁盐脱砷法，在含砷废液中加入镁盐，调节 pH 至 9.5~10.5，生成氢氧化镁沉淀，利用新生的氢氧化镁和砷化合物的吸附作用，搅拌，放置一夜，分离沉淀，排放废液。

（5）含汞废液的处理　用硫化钠将汞转变为难溶于水的硫化汞，然后使其与硫化亚铁共沉淀而分离除去。即在含汞废液中加入与汞离子浓度 1∶1 当量的硫化钠，然后加入硫酸亚铁，使其生成硫化亚铁，将汞离子沉淀，分离沉淀，排放废液。

（6）含酸、碱、盐类废液的处理　将酸、碱、盐类废液分别进行收集，如查明酸、碱废液互相混合无危险时，可分次少量将其中一种废液倒入另一种废液中，将其互相中和。当溶液的 pH 约等于 7 时，可用水稀释，使溶液浓度降到 5%以下然后排放。

## 任务二　定量分析中的结果处理

### 任务描述

定量分析的任务是准确测定试样中各组分的含量，但分析检验结果不可避免地产生误差，所以分析检验工作者不仅要测定试样中某组分的含量、实事求是记录原始数据，而且还要正确处理检验数据，并对检验结果做出评价，判断它的可靠程度，查出产生误差的原因，并采取措施减小误差。

### 任务要求

（1）能判断分析过程中误差的类型，并找出减免误差的方法。
（2）会用误差和偏差分别表示分析结果的准确度和精密度。
（3）能根据分析过程使用的分析仪器，准确进行分析结果有效数字的记录。
（4）能根据有效数字的运算规则，准确进行有效数字的运算。
（5）通过“量”的概念，激发严谨细致的职业态度。
（6）树立规则意识和责任意识。

### 相关知识

精测细算
毫厘必究

定量分析中的
误差

#### 一、定量分析中的误差

##### （一）误差的来源与分类

在定量分析中，由于受分析方法、测量仪器、所用试剂和分析工作者主观条件等方面的限制，使测得的结果不可能和真实含量完全一致。即使是技术很熟练的分析工作者，用最完善的分析方法和最精密的仪器，对同一样品进行多次测定，其结果也不会完全一样。这说明客观上存在着难以避免的误差。根据误差产生的原因和性质分为系统误差和随机误差两大类。

1. 系统误差

系统误差又称可测误差，是由分析过程中的一些固定的、经常的原因造成的误差。它具有重复性、单向性和可测性，若能找出原因，并设法加以校正，系统误差是可以消除的。系统误差产生的主要原因有以下几方面：

（1）方法误差　方法误差是由于分析方法本身不够完善所造成的误差。如在滴定分析中，由于指示剂确定的滴定终点与化学计量点不完全符合、副反应的发生等，都将使测定结果偏高或偏低。在重量分析中，当沉淀的溶解度过大时，会造成结果偏低的负误差，这些都是有一定规律性的系统误差。

（2）试剂误差　试剂误差主要是由于试剂不纯或者所用的蒸馏水含有杂质等引起的系统误差。

（3）仪器误差　仪器误差主要是由于仪器本身不够准确或者未经校准所引起的误差。例如，使用的滴定管、容量瓶及移液管等计量器皿的刻度不准、量器与量器的配合使用不成比例等，这些都是由于仪器的不准确所造成的系统误差。

（4）操作误差　操作误差是由分析工作者控制操作条件的差异和个人固有的习惯造成的。如对滴定终点颜色变化判断时，不同人的敏锐程度不同，有人敏锐，有人迟钝；滴定管读数时，最后一位估读不够准确，有的人偏高，有的人偏低等。

2. 随机误差

随机误差又称为偶然误差，是由一些随机的偶然因素造成的。如测量时，环境的温度、湿度和气压的微小波动，仪器性能的微小变化，分析人员对各份试样处理时的微小差别等，这些误差是难以察觉或不可控制的。

由于随机误差是由一些不确定的偶然因素造成的，因此是可变的，时大时小，时正时负，在分析过程中是无法避免的。即使一个经验很丰富的分析人员，进行非常严谨的操作，得到的分析结果也不能完全一致，因此，随机误差也称为不可测误差。

随机误差的产生是没有确定原因的，但如果进行多次测定，便会发现，随机误差中大误差出现的概率小，小误差出现的概率大，且大小相等的正负误差出现的概率相等，他们之间能部分或完全抵消。

另外，由于分析人员的粗心大意或违反操作规程所产生的误差，如溶液溅出、试剂被污染、沉淀损失或加错试剂、读数错误、计算错误等都属于过失，这种过失误差是不允许，应该避免，一旦出现过失误差，此次测定值应该弃去。

## （二）误差的表示

误差的表示

1. 准确度与误差

准确度是指测定结果与真实值之间的接近程度。通常用误差的大小来衡量分析结果的准确度，误差越小，表示分析结果的准确度越高。

误差是指测定结果与真实值之间的差值。误差有正、负之分，当误差为正值时，表示测定结果偏高；误差为负值时，表示测定结果偏低。误差可用绝对误差和相对误差表示。

绝对误差（$E$）是测定结果（$x$）与真实值（$u$）之差。数学表达式为：

$$E=x-u$$

相对误差（$RE$）表示绝对误差在真实值中所占的百分比。即：

$$RE=\frac{E}{u}\times 100\%$$

误差的计算都必须先知道真实值的大小，但在实际工作中，真实值一般是无法知道的，因此常用偏差代替误差。

### 2. 精密度与偏差

精密度是指在相同条件下，对同一试样多次平行测定结果相互接近的程度。精密度高低常用偏差来表示，偏差小，说明分析结果的精密度高。偏差也分为绝对偏差与相对偏差。

绝对偏差（$d_i$）是单次测定值（$x_i$）与多次测定的平均值（$\bar{x}$）之差。即

$$d_i=x_i-\bar{x}$$

相对偏差（$d_r$）是某次测定的绝对偏差在算术平均值中所占的百分比。即

$$d_r=\frac{d_i}{\bar{x}}\times 100\%$$

与误差一样，绝对偏差与相对偏差也有正负之分。

绝对偏差和相对偏差只能表示单次测定值与平均值的偏离程度，不能表示一组测量值中各测定值之间数据的分散程度，即不能表示精密度。为了描述多次测定结果的精密度，通常用平均偏差来表示。

平均偏差（$\bar{d}$）是以单次测定偏差绝对值的平均值表示，其数学表达式如下：

$$\bar{d}=\frac{|d_1|+|d_2|+\cdots+|d_n|}{n}=\frac{\sum_{i=1}^{n}|d_n|}{n}$$

相对平均偏差（$\bar{d}_r$）是平均偏差在测定平均值中所占的百分比，可表示为：

$$\bar{d}_r=\frac{\bar{d}}{\bar{x}}\times 100\%$$

用平均偏差表示精密度时，对于个别较大偏差还不能很好地体现，而采用标准偏差就可以突出较大偏差的影响。标准偏差又称为均方根偏差，当测量的次数不多时（$n<20$），测量的标准偏差（$s$）为：

$$s=\sqrt{\frac{\sum_{i=1}^{n}(x_i-\bar{x})^2}{n-1}}=\sqrt{\frac{(x_1-\bar{x})^2+(x_2-\bar{x})^2+\cdots+(x_n-\bar{x})^2}{n-1}}$$

相对标准偏差是标准偏差占平均值的百分比，也称为变异系数，用 $CV$ 表示。其数学表达式如下：

$$CV = \frac{s}{\bar{x}} \times 100\%$$

用标准偏差表示精密度比用平均偏差更合适，因为单次测定的偏差平方后较大的偏差更明显反映出来，这样能更好地说明数据的分散程度。但在要求不高的分析工作中，常用计算简便的平均偏差。对于要求较高的分析，经常采用标准偏差来衡量精密度。

### 3. 准确度和精密度的关系

准确度由系统误差决定，系统误差是定量分析误差的主要来源。精密度由随机误差决定。精密度是保证准确度的先决条件，精密度差，测定结果不可靠，就失去了衡量准确度的前提，所以准确度高一定需要精密度高。但精密度高并不能说明准确度一定高，它只表示分析测定的重现性好。因此，只有精密度和准确度都高的分析结果才是真实可靠的结果。例如，甲、乙、丙、丁四人对同一样品分别进行了四次平行测定，其结果如图 1-1 所示。

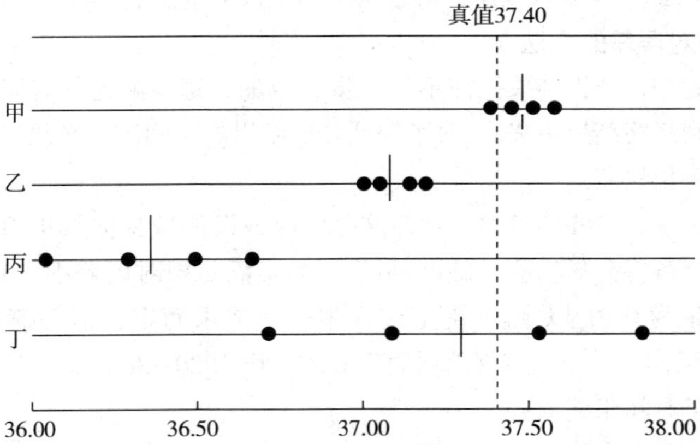


图 1-1　准确度与精密度的关系

提高分析结果准确度的方法

## （三）提高分析结果准确度的方法

从误差产生的原因来看，要提高分析结果的准确度，就必须减免分析过程中的误差。

### 1. 消除系统误差的方法

根据系统误差产生的原因，采用不同的方法来检验和消除系统误差。

（1）对照试验　对照试验是检查系统误差最常用和行之有效的方法。用含量已知的标准试样或纯物质，以同一方法按完全相同的条件进行对照分析，通过对标样的分析结果与其标准值的比较，可以判断试样分析结果有无系统误差。必要时，可对未知样进行校正。

（2）空白试验 所谓空白试验，就是在不加试样的情况下，按照按试样分析步骤和条件进行分析试验，所得结果为空白值。然后，从试样测定结果中扣除此空白值，就可消除由于试剂、蒸馏水不纯及使用的器皿和环境不洁等引起的系统误差。若空白值较高，则应更换或提纯所用试剂。

（3）仪器校准 校准仪器，可以消除由于仪器不准所引起的系统误差。如砝码、移液管、容量瓶、滴定管等的校正，以及各种量具之间（如移液管和容量瓶之间）的相对校准等。

（4）方法校正 分析方法所造成的系统误差，如重量分析法中沉淀的部分溶解等可用其他方法直接校正，选用公认的标准方法与所采用的方法进行比较，从而找出校正数据，消除方法误差。

### 2. 减少随机误差的方法

在消除系统误差的前提下，平行测定次数越多，平均值越接近于真实值，即可适当增加平行测定次数来减小随机误差，从而提高分析结果的准确度。但是测定次数增加到一定程度（10次），再继续增加测定次数，则效果不显著。一般定量分析平行测定3~4次即可，要求高时，可适当增加平行测定次数。

### 3. 减少相对误差的方法

在分析测定中，分析结果往往不是一步完成的，每步测定都有可能产生误差，并且都要传递到最终结果中去。为了保证分析结果的准确度，必须尽量减小分析过程中每一步的测量误差。

在滴定分析中，需要称量和滴定，这时就应该设法减少称量和滴定两步骤的误差，过小的取样量将会影响测定的准确度。为了满足相对误差小于0.1%的要求，分析天平称量量为0.2g以上。滴定过程中一般要求滴定管消耗滴定液体积至少20mL，在实际工作中，一般控制消耗滴定液的体积为20~30mL，这样既减少了相对误差，又节省了时间和试剂。

## 二、分析检验的数据处理

分析检验的数据处理

### （一）有效数字

### 1. 定义

有效数字就是实际能测到的数字。有效数字的位数和分析过程所用的分析方法、测量方法、测量仪器的准确度有关。我们可以把有效数字这样表示：

有效数字=所有的可靠的数字+一位可疑数字

有效数字的位数不同，说明用的称量仪器的准确度不同。例如：0.5g用的是托盘天平，0.5180g用的是分析天平。

对分析中记录的有效数字位数还直接反映了测定的相对误差。

2. 有效数字位数的确定

（1）实际分析工作中，记录数据要根据所使用量器的精度来决定，记录的数据应反映所使用仪器的准确度。

（2）数据中“0”的确定　“0”作为普通数字使用或作为定位的标志。例如：0.6000g、20.05%、$6.325\times10^3$四位有效数字；0.0450g、$2.57\times10^3$三位有效数字；0.8g、0.005%、$5\times10^2$一位有效数字。

（3）变换单位时，有效数字的位数不变。

（4）pH、p$M$、p$K$、lg$K$等对数值，其有效数字的位数取决于小数部分（尾数）数字的位数。

（5）分析计算中的倍数，分数及常数 π、e 等一些非测量数字的有效数字位数视为无限多。

3. 有效数字修约规则

在计算一组准确度不等，即有效数字位数不同的数据前，应按照确定的有效数字位数，将多余的数字舍弃，舍弃多余数字的过程称为数字修约。数字修约遵循“四舍六入五成双”的规则。即：当尾数≤4 时则舍，尾数≥6 时则入；尾数等于 5 而后面的数都为 0 时，5 前面为偶数则舍，5 前面为奇数则入；尾数等于 5 而后面还有不为 0 的任何数字，无论 5 前面是奇是偶都入。

4. 有效数字计算规则

（1）加减法　先按小数点后位数最少的数据保留其他各数的位数，再进行加减计算，计算结果也使小数点后保留相同的位数。

（2）乘除法　先按有效数字最少的数据保留其他各数，再进行乘除运算，计算结果仍保留相同有效数字。

（3）乘方或开方　对数据进行乘方或开方时，所得结果的有效数字位数保留应与原数据相同。例如：$6.54^2=42.8$。

（4）对数计算　对数尾数的位数应与真数的有效数字位数相同。例如：pH＝11.20，对应的$[H^+]=6.3\times10^{-12}$mol/L。

（5）对于高含量组分（例如>10%）的测定，一般要求分析结果有 4 位有效数字；对于中含量组分（例如 1%～10%），一般要求 3 位有效数字；对于微量组分（<1%），一般只要求 2 位有效数字。通常以此为标准，报出分析结果。

在上面的计算中，应对数字先修约再计算，这样既可使计算简单，又不会降低数字的准确度。但是为了提高计算结果的可靠性，计算的中间过程中，可以暂时多保留一位数字，但是得到最后结果时，一定注意要弃掉多余的数字。

## （二）数据处理

1. 数据记录

原始数据记录是分析检验工作最重要的资料之一，认真做好原始记录，是保证实验数据可靠性的重要条件。记录时要注意以下几点：

（1）应有专用的记录本，并标上页码，记录本应保存相当时间以备查用。

（2）检验记录中应有检验日期、项目名称、检验次数、检验数据和检验人。

（3）根据不同的检验要求，可自行设计表格或自动记录和画图。

（4）要有科学严谨的态度，记录及时、准确、清晰、实事求是。

（5）检验中涉及的仪器型号、溶液浓度、室温等也要记录。

（6）记录数据的有效数字位数要与分析仪器的准确度一致。

（7）改动数据应清楚明确,不可随意涂改。

（8）检验结束后，应对数据进行核对、处理以确定是否需补充或重做。

**2. 可疑数据的取舍**

在定量分析中，重复平行多次测定时，可能会出现个别数据与其他数据相差较远，这一数据称为可疑值。如果此值不是由明显的过失造成的，是舍弃还是保留，不能随意决定，而要按照数理统计的规定进行处理。下面介绍 $Q$ 值检验法。

$Q$ 值检验法适用于 3~10 个数据的检验。$Q$ 值检验法的具体步骤如下：

（1）将测定结果按从小到大的顺序排列：$x_1$，$x_2$，…，$x_{n-1}$，$x_n$。$x_1$ 和 $x_n$ 为可疑数据；

（2）求出可疑值数据与相邻数据之差，然后除以最大值与最小值之差即极差，所得商为 $Q_{计}$，即

$$Q_{计}=\frac{|x_{可疑值}-x_{相邻值}|}{x_{max}-x_{min}}$$

（3）将计算值 $Q_{计}$ 与临界值 $Q_{表}$（查表）比较。若 $Q_{计}\leqslant Q_{表}$，则可疑值为正常值，应保留，否则应舍去；

（4）舍去一个异常值后，再用同样的方法检验另一端，直至无异常值为止。

## 任务三　常用玻璃仪器的认知、洗涤与干燥

常用玻璃仪器的识别

玻璃仪器的洗涤及干燥

### 任务描述

在分析工作中，首先要会正确地选择和使用仪器，我们通过老师的介绍和观看视频认识化学分析中常用的仪器，掌握其用途及清洗干燥的方法。然后在教师的指导下，每个小组清点配发的玻璃仪器，完成玻璃仪器的洗涤及干燥任务。

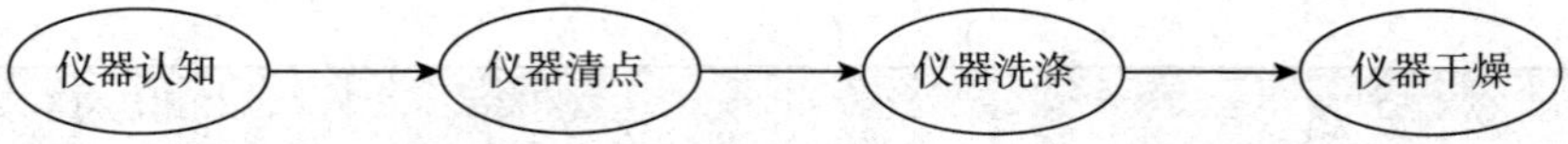


## 任务要求

（1）能识别各种常见玻璃仪器并根据实验选择合适的仪器。

（2）学会配制和使用洗液。

（3）能根据不同玻璃仪器的特点和污垢的性质进行洗涤和干燥。

（4）养成认真细致、吃苦耐劳的工作态度。

## 相关知识

### 一、常用玻璃仪器的识别

常用仪器主要以玻璃仪器为主，按其用途可分为容器类仪器、量器类仪器和其他类仪器。

#### 1. 容器类仪器

容器类仪器是常温或加热条件下物质的反应容器或物质的贮存容器。包括试管、烧杯、烧瓶、锥形瓶、广口瓶、细口瓶、滴瓶、称量瓶、洗气瓶和分液漏斗。每种类型的仪器有许多不同的规格，在使用时，要根据具体的用途和用量，选择不同种类和合适规格的仪器。

#### 2. 量器类仪器

该类仪器是用于度量溶液体积的仪器。主要有量筒、量杯、移液管、吸量管、滴定管和容量瓶等。它们不能作为实验容器（即不能用于溶解、稀释等操作），也不能量取热溶液、加热和长期存放溶液。

量筒的使用

#### 3. 其他仪器

其他仪器包括玻璃仪器和非玻璃仪器。

常用玻璃仪器的用途、使用方法和注意事项见表1-1。

表1-1　常用玻璃仪器

| 仪器 | 规格 | 主要用途 | 使用注意事项 |
| --- | --- | --- | --- |
| 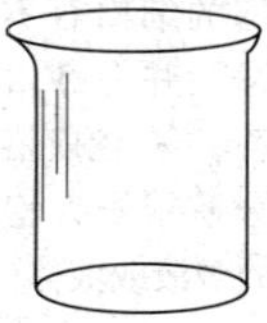 烧杯 | 有一般型和高型，有刻度和无刻度几种。按容积（mL）分有：50、100、150、200、250、500等 | 常温和加热条件下，用于反应物量较多时的反应容器，反应物易混合均匀 | 反应液体不得超过烧杯容量的2/3。加热前要把烧杯外壁擦干，加热时应放在石棉网上，使受热均匀 |

续表

| 仪器 | 规格 | 主要用途 | 使用注意事项 |
|---|---|---|---|
|  平底烧瓶  圆底烧瓶 | 有圆底、平底、长颈、短颈、粗口和细口几种。按容积（mL）分有：50、100、250、500、1000 等 | 圆底烧瓶：常温或加热条件下用作反应物较多且需长时间加热时的反应容器。<br>平底烧瓶：配溶液或代替圆底烧瓶 | 盛放液体的量不能超过烧瓶容量的 2/3，也不能太少。固定在铁架台上，垫上石棉网再加热，不能直接加热，加热前外壁要擦干 |
| 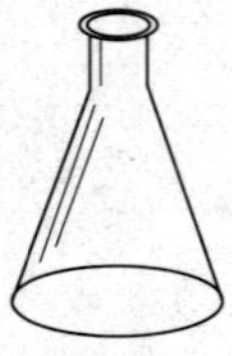 锥形瓶 | 有细口、广口、微型、有塞和无塞几种。按容积（mL）分有：50、100、150、200、250 等 | 用作反应容器，振荡方便，适用于滴定操作 | 盛液不能太多。不能直接加热，加热时下面应垫石棉网或置于水浴上加热 |
| 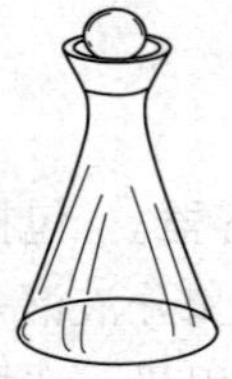 碘量瓶 | 按容积（mL）分有：100、250、500 等 | 用于碘量法 | 注意塞子及瓶口边缘的磨砂部分勿擦伤，以免产生漏隙。滴定时打开塞子，用蒸馏水将瓶口及塞子上的碘液洗入瓶中 |
| 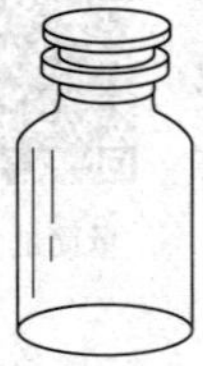 广口瓶 | 有无色和棕色的，有磨口和不磨口的。磨口有塞，若无塞的口上是磨砂的则为集气瓶。按容积（mL）分有：30、60、125、250、500 等 | 用于储存固体药品。集气瓶用于收集气体 | 不能直接加热，不能放碱。瓶塞不得弄脏，不要互换。做气体燃烧实验时，瓶底应放少许砂子或水。收集气体后，要用毛玻璃片盖住瓶口 |
| 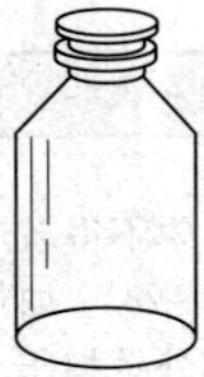 细口瓶 | 有无色、棕色和蓝色的，有磨口和不磨口的。按容积（mL）分有：100、125、500、1000 等 | 用于储存溶液或液体药品 | 不能直接加热，瓶塞不得弄脏，不要互换，盛放碱液应改用胶塞。有磨口塞的细口瓶不用时应洗净，并在磨口处垫上纸条。有色瓶盛放见光易分解或不太稳定的物质的溶液或液体 |

续表

| 仪器 | 规格 | 主要用途 | 使用注意事项 |
|---|---|---|---|
| 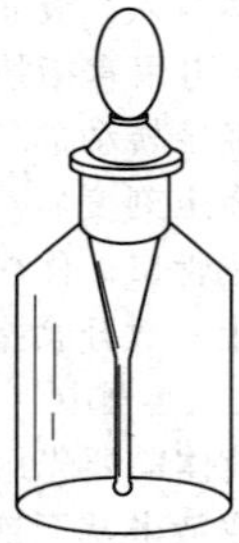 滴瓶 | 分有色和无色两种，滴管上带有橡皮胶头。按容积（mL）分有：15、30、60、125 等 | 盛放少量液体试剂或溶液，便于取用 | 棕色瓶盛放见光易分解或不太稳定的物质。滴管不能吸得太满，也不能倒置，更不能弄脏或互换 |
| 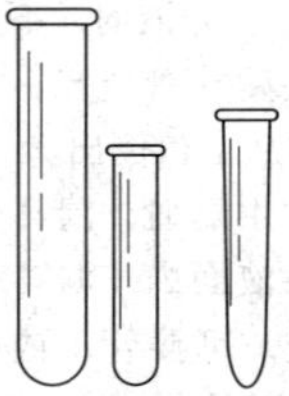 试管　离心试管 | 有普通试管和离心试管。普通试管有翻口、平口、有刻度、无刻度、有支管和无支管、有塞和无塞几种。离心试管分有刻度和无刻度之分。无刻度试管按管口外径（mm）×管长（mm）分有：8×70、10×75、10×100、12×100、15×150、30×200等。有刻度试管和离心试管按容积（mL）分有：5、10、15、20、25 等 | 常温和加热条件下，用作少量试剂和反应容器（便于操作和观察）或收集少量气体。有支管试管还可以检验气体产物，也可接到装置上用。离心试管可用作沉淀分离 | 反应液体不超过试管容积 1/2，加热时不超过 1/3，以防止振荡时液体溅出或受热溢出。加热前试管外壁要擦干，加热时要用试管夹。<br>加热液体时，管口不要对人，防止液体溅出伤人。将试管倾斜与桌面成 45°，同时不断振荡，火焰上端不能超过管里液面，防止爆沸、试管受热不均匀引起破裂。<br>加热固体时，管口应略向下倾斜，防止管口冷凝水回流灼热管底而引起破裂。<br>离心试管不能直接加热 |
| 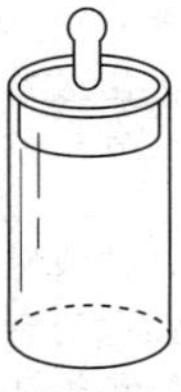 称量瓶 | 分高型和扁型两种。按容积（mL）分，高型有10、20、25、40 等；扁型有 5、10、15、30 等 | 准确称取一定量固体药品时用 | 不能加热。盖子是磨口配套的，不得弄脏、丢失。不用时应洗净，在磨口处垫上纸条 |

续表

| 仪器 | 规格 | 主要用途 | 使用注意事项 |
|---|---|---|---|
| 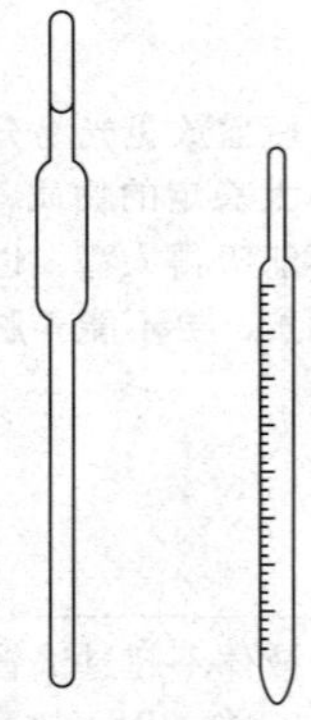<br>移液管　吸量管 | 有刻度管型和单刻度大肚型两种。无刻度的叫移液管，有刻度的叫吸量管。按刻度最大标度（mL）分有：1、2、5、10、25、50等 | 用于准确移取一定体积的液体 | 将液体吸入，液面超过刻度，再用食指按住管口，轻轻转动放气，使液面降至刻度后，用食指按住管口，移往指定容器上，放开食指，使液体注入容器中。<br>移取液体前要先用少量待移取液淋洗三次。未标明“吹”字的容器，不要将残留在尖嘴内的液体吹出，因为校正容量时未考虑这一滴液体 |
| <br>分液漏斗 | 有球形、梨形、筒形和锥形几种。按容积（mL）分有：50、100、250、500等 | 用于互不相溶的液-液分离和气体发生器装置中加液 | 不能加热。塞上涂一薄层凡士林，旋塞处不能漏液。分液时，下层液体从漏斗管流出，上层液体从上口倒出。装气体发生器时，漏斗管应插入液面内（漏斗管不够长，可接管）或改装成恒压漏斗 |
| 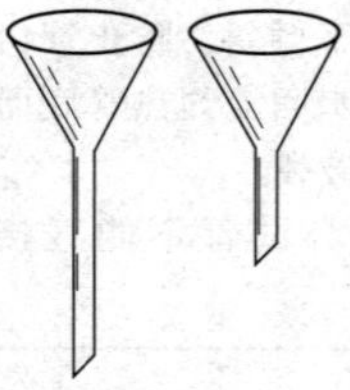<br>长颈漏斗　漏斗 | 有长颈和短颈两种。按斗颈长度（mm）分有：30、40、60、100、120等。铜制热漏斗专用于热过滤 | 用于过滤或倾注液体。长颈漏斗常装配气体发生器加液用 | 不能直接加热。过滤时漏斗颈尖端必须紧靠盛接滤液的容器壁。长颈漏斗作加液时，斗颈应插入液面内 |
| 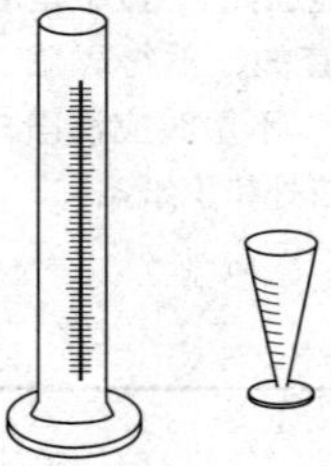<br>量筒　　量杯 | 按容积（mL）分有：5、10、20、25、50、100、200等 | 用于量取一定体积的液体 | 读数时，视线应和液面水平，读取与弯月面底相切的刻度。不能加热，不能作实验容器，不能量热溶液和液体 |

续表

| 仪器 | 规格 | 主要用途 | 使用注意事项 |
|---|---|---|---|
| 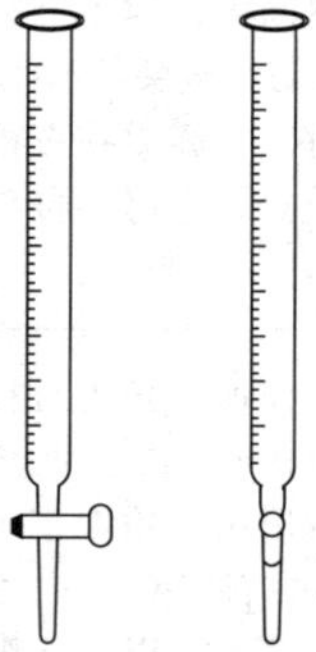 酸式滴定管　碱式滴定管 | 有酸式滴定管和碱式滴定管两种。按刻度最大标度（mL）分有：25、50、100 等 | 滴定时准确测量溶液的体积 | 洗涤前应先检查是否漏液，旋塞转动是否灵活。用前洗净，装液前要用待装溶液淋洗三次。初读数前要赶尽气泡。滴定时，用左手开启旋塞或挤压橡皮管内玻璃珠，溶液即可从滴管中放出 |
|  容量瓶 | 按刻度容量（mL）分有：5、10、25、50、100、150、200、250 等 | 配制准确浓度的溶液时用 | 溶质先在烧杯内溶解，然后转入容量瓶。不能加热，不能在其中溶解固体。瓶塞与瓶是配套的，不能互换 |
| 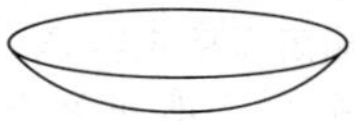 表面皿 | 按口径（mm）分有：45、65、75、90 等 | 盖在烧杯上，防止液体溅出或其他用途 | 不能用火直接加热，以防止破裂 |
|  吸滤瓶布氏漏斗 | 吸滤瓶按容积（mL）分有：50、100、250、500 等。布氏漏斗以直径（mm）表示 | 两者配套用于晶体或沉淀的减压过滤，利用水泵或真空泵降低吸滤瓶中压力来加速过滤 | 不能用火直接加热。滤纸要略小于漏斗的内径。先开泵，后过滤。过滤完毕后，先拔掉与吸滤瓶相连的胶管，再关泵 |
|  干燥器 | 有普通干燥器和真空干燥器。以直径（mm）表示 | 内放干燥剂。定量分析时，将灼烧过的坩埚置其中冷却。存放物品，以免物品吸收水气 | 灼烧过的物体放入干燥器前湿度不能过高。干燥器中的干燥剂要按时更换。防止盖子滑动打碎 |

续表

| 仪器 | 规格 | 主要用途 | 使用注意事项 |
| --- | --- | --- | --- |
| 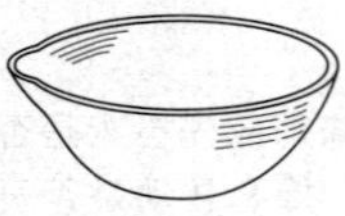 蒸发皿 | 有平底和圆底两种。按容积（mL）分有：75、200、400 等。有瓷、玻璃、石英、铂等不同质地 | 用于蒸发、浓缩溶液，口大底浅，蒸发速率快。随液体性质不同可选用不同质地的蒸发皿 | 能耐高温，但不宜骤冷，以防止破裂。蒸发溶液时，一般放在石棉网上加热，也可直接用火加热 |
|  坩埚 | 按容积（mL）分有：10、15、25、50 等。有瓷、石英、铁、镍或铂等不同质地 | 灼烧固体时用。随固体性质不同可选用不同质地的坩埚 | 可放在泥三角上直接用火灼烧至高温。灼烧完毕后用坩埚钳取下坩埚，放在石棉网上。坩埚钳应预热，以防止骤冷坩埚破裂 |
| 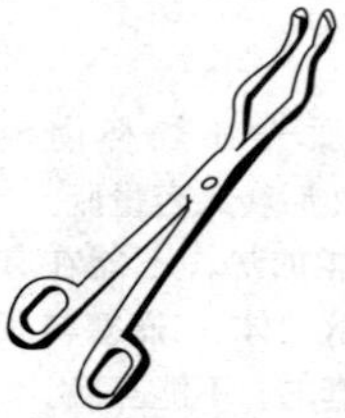 坩埚钳 | 有大小、长短不同种类 | 加热坩埚时，用于夹取坩埚和坩埚盖，也可用于夹取热的蒸发皿 | 不要和化学药品接触，以免腐蚀。使用时必须用干净的坩埚钳。用后放置时头部朝上，以免沾污，若温度很高，则应放在石棉网上 |
|  研钵 | 以口径大小表示。有铁、瓷、玻璃、玛瑙等不同质地 | 用于研磨固体物质。按固体的性质和硬度选用不同质地的研钵 | 不能用作反应容器。只能研磨，不能敲击（铁研钵除外）。放入量不宜超过研钵容积的 1/3 |
| 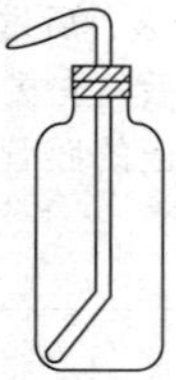 洗瓶 | 有塑料洗瓶和玻璃洗瓶。按容积（mL）分有：250、500 等 | 用蒸馏水洗涤沉淀和容器用 | 塑料洗瓶不能加热 |
| 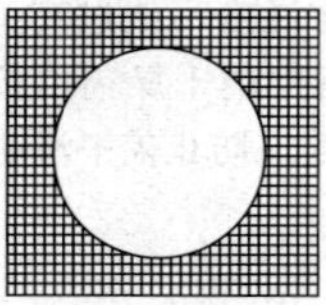 石棉网 | 用铁丝编成，中间涂有石棉。有大小之分 | 加热时，垫上石棉网能使受热物体均匀受热，不致造成局部过热 | 用前应先检查石棉是否脱落，脱落者不能用。不能与水接触，也不可卷折，以免石棉松脆或铁丝生锈 |

续表

| 仪器 | 规格 | 主要用途 | 使用注意事项 |
|---|---|---|---|
| 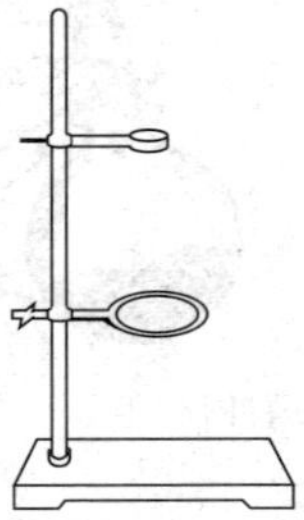 铁架台 | 铁架台有圆形的和方形的 | 用于固定或放置反应容器。铁环还可以代替漏斗架使用 | 应先将铁夹等放至合适的高度并旋转螺丝，使之牢固后再进行实验 |
|  三脚架 | 有大小、高低规格之分 | 放置较重、较大的加热容器 | 放置加热容器（除水浴锅外）应先放上石棉网。下面加热灯焰的位置要合适 |
|  毛刷 | 以大小或用途表示。有试管刷、离心试管刷、滴定管刷等 | 洗刷玻璃仪器 | 洗涤试管时，要把前部的毛捏住放入试管，以免铁丝顶端将试管戳破 |
|  药匙 | 由牛角、瓷或塑料制成，现多数是塑料的 | 用于取用固体药品 | 取用一种药品后，必须洗净，并用滤纸屑擦干，才能取用另一种药品，以免沾污试剂，发生事故 |
| 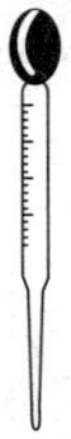 滴管 | 由尖嘴玻璃和橡皮乳头构成 | 用于吸取或滴加少量（数滴或1~2mL）试剂，或吸取沉淀上层清液以分离沉淀 | 滴加试剂时，要保持垂直，避免倾斜，尤忌倒立。除吸取溶液外，管尖不可接触其它器物，以免杂质沾污 |

## 二、常用玻璃仪器的洗涤

在分析工作中，洗涤玻璃仪器不仅是一个实验前的准备工作，也是一个技术性的工作。仪器洗涤是否符合要求，对检验结果的准确和精密度均有影响，因此玻璃仪器的洗涤是化学实验中的一项重要内容。玻璃仪器的洗涤方法很多，应根据实验要求、污物的性质和沾污的程度选择合适的洗涤方法。

1. 冲洗

对于可溶性污物可用水冲洗，这主要是利用水把可溶性污物溶解而除去。为了加速溶解，必须振荡，往仪器中注入少量（不超过容量的1/3）的水，然后用力振荡片刻（图1-2），把水倾出，如此反复冲洗数次。该方法可洗去附着在玻璃仪器上的部分灰尘和其他可溶性物质。

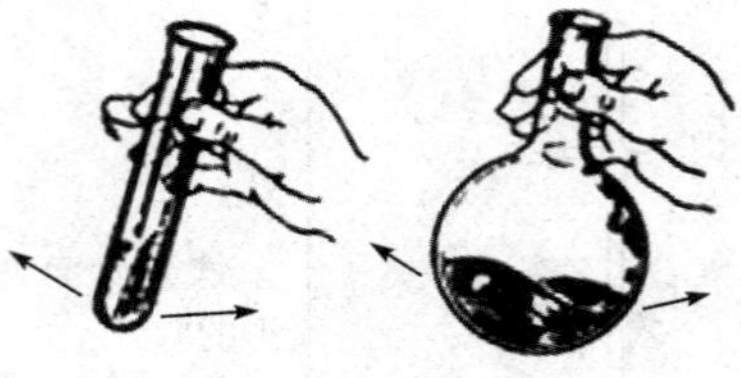

图1-2　振荡冲洗

2. 刷洗

冲洗不能洗涤干净的玻璃仪器，可用毛刷蘸上自来水或去污粉、洗衣粉、洗涤剂等洗涤用品进行刷洗，再用水冲洗干净。该方法可除去灰尘、可溶性物质、某些不溶性物质、油污和一些有机物。

3. 药剂洗涤

对于用肥皂液或合成洗涤剂等仍刷洗不掉的污物或因口径较小不便用毛刷刷洗的玻璃仪器，可借助一些洗液浸泡洗涤，如铬酸洗液或王水等实验室常用洗液，也可针对具体的污物选用适当的药剂或方法处理。用铬酸洗液洗涤时，可往仪器内注入少量铬酸洗液，使仪器倾斜并慢慢转动，让仪器内壁全部被洗液湿润，再转动仪器，使铬酸洗液在内壁流动。经流动几圈后，把洗液倒回原瓶（所用铬酸洗液变成暗绿色后，需再生才能使用）。对沾污严重的仪器可用洗液浸泡一段时间或用热铬酸洗液进行洗涤，效率更高。经过洗液浸泡后的玻璃仪器，在回收洗液后，再加水冲洗或刷洗。绝不允许将毛刷放入洗液中。

玻璃仪器是否洗涤干净可通过器壁是否挂有水珠进行检验。洗净的玻璃仪器，应清洁透明，水沿内壁自然流下，均匀湿润而不挂水珠。已洗净的玻璃仪器，内壁不能用布或纸擦拭，否则布或纸上的纤维及污物会留在壁上反而沾污了仪器。在定性和定量分析实验中，准确度要求较高，玻璃仪器用上述方法洗涤后，还要用蒸馏水或去离子水荡洗2~3次。

## 三、玻璃仪器的干燥

不同实验对干燥有不同的要求，一般定量分析用的烧杯、锥形瓶等仪器洗净即可使用，而用于有机化学实验的仪器很多要求是干燥的，有的要求无水痕，有的要求无水。应根据不同要求进行干燥仪器。

1. 晾干

不急用的玻璃仪器，可在蒸馏水冲洗后倒置在干净的格栅板或干燥架上晾干。

2. 烘干

洗净的玻璃仪器控去水分，放在烘箱内烘干，烘箱温度为105~110℃，烘1h左右。也可放在红外灯干燥箱中烘干。此法适用于一般仪器。称量瓶等在烘干后要放在干燥器中冷却和保存。带实心玻璃塞的及厚壁仪器烘干时要注意慢慢升温，并且温度不可过高，以免破裂。量器不可放于烘箱中烘干。

3. 吹干

用电吹风直接吹干或倒插在气流干燥器上进行干燥的方法。这种方法主要针对一些需要急用的玻璃仪器的干燥，若在吹风前先用易挥发的有机溶剂进行淋洗，则效果更好。

4. 有机溶剂干燥

将仪器内的水倒干后，加入少量有机溶剂（如乙醇、丙酮等），慢慢转动仪器，使残留水分与其混合，然后倒出有机溶剂，仪器即迅速干燥。

必须注意，带有刻度的计量容器不能用加热法干燥，否则会影响其精度。如需要干燥时，可采用晾干或用有机溶剂干燥的方法，吹干则应用冷风。

## 任务实施

### 一、仪器与试剂

1. 仪器

（1）容器类　洗瓶、锥形瓶、试剂瓶、滴瓶、称量瓶等。

（2）量器类　量筒、吸量管、移液管、容量瓶、滴定管等。

（3）其他器皿　洗耳球、水浴锅、毛刷等。

（4）干燥设备　电热恒温干燥箱、电吹风机、气流干燥器等。

2. 试剂

洗涤剂、浓 $H_2SO_4$、$K_2Cr_2O_7$、无水乙醇。

### 二、操作步骤

1. 认领、清点实验仪器

对照老师发的仪器清单进行核对。认识每种仪器的名称和规格，将仪器分类摆放在实验台上。

2. 玻璃仪器的洗涤

（1）铬酸洗液的配制　称取 10g 的 $K_2Cr_2O_7$ 溶于 20mL 热水中，将 180mL 浓 $H_2SO_4$ 缓缓加入到 $K_2Cr_2O_7$ 溶液中（千万不能将水或溶液加入浓 $H_2SO_4$ 中），边倒边用玻璃棒搅拌，并注意不要溅出，混合均匀，冷却后装入洗液瓶备用。

洗涤方法：倒入铬酸洗液 10mL 浸泡仪器，根据内壁污染程度浸泡 10min 至数小时，然后先用自来水冲洗干净，再用蒸馏水洗涤几次。

新配制的洗液为红褐色，氧化能力很强，当洗液用久后变为黑绿色，即说明洗液无氧化能力。

（2）用洗涤液刷洗锥形瓶、烧杯、试剂瓶、量筒等。

洗涤程序：倒出废液→水洗→洗涤剂洗→水洗→蒸馏水洗（少量多次）。

洗净标准：玻璃仪器内壁能被水均匀润湿而不挂水珠。

（3）用铬酸洗液洗涤滴定管、移液管和容量瓶。

### 3. 仪器的干燥

（1）将洗净的容量瓶用气流干燥器烘干。

（2）用烘箱烘干锥形瓶、烧杯、称量瓶。

（3）选择合适的干燥方法干燥量筒。

## 三、技术提示

（1）去污粉因含有细砂等固体摩擦物，有损玻璃，一般不要使用。

（2）在使用各种性质不同的洗涤液时，一定要把上一种洗涤液除去后再用另一种，以免相互作用，生成的产物更难洗净。

（3）洗净的玻璃仪器倒置时，水流出后壁应不挂水珠。 至此再用少量纯水刷洗仪器三次，洗去自来水带来的杂质，即可使用。

（4）称量用的称量瓶等在烘干后要放在干燥器中冷却和保存。

## 四、考核标准

考核标准见表 1-2。

表 1-2　　考核标准

| 考核项目 | 考核内容 | 分值 | 得分 |
| --- | --- | --- | --- |
| 仪器清点 | 识别仪器名称、形状 | 5 | |
| | 清点数量、规格、损坏情况 | 10 | |
| | 仪器摆放整齐 | 5 | |
| 仪器洗涤 | 铬酸洗液配制正确 | 10 | |
| | 洗涤剂的选择正确 | 5 | |
| | 铬酸洗液使用方法正确 | 10 | |
| | 洗涤程序正确 | 5 | |
| | 仪器清洗干净 | 10 | |
| 仪器干燥 | 气流干燥器使用正确 | 10 | |
| | 烘箱烘干锥形瓶、烧杯、称量瓶正确 | 10 | |
| | 量筒的干燥方法正确 | 10 | |
| 职业素质 | 穿实验服、文明操作 | 5 | |
| | 实验中吃苦耐劳、认真负责 | 3 | |
| | 实验结束物品归位，台面整洁 | 2 | |

# 项目二

# 滴定分析基本操作

## 任务一 天平的操作

### 任务描述

准确称量物质质量是获得准确分析结果的第一步。 在完成相关知识的学习基础上，通过视频了解天平的构造及使用方法，并在教师的指导下学会电子天平的称量方法，然后完成直接称量法、固定质量称量法、差减法的称量练习，养成正确、及时记录原始数据的习惯。

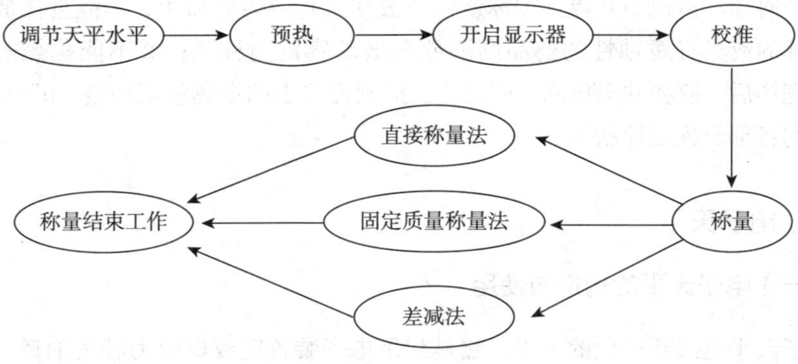


### 任务要求

（1）能区分天平的种类和分级。

（2）能规范地使用托盘天平和分析天平。

（3）能规范地进行直接称量、固定质量称量和差减称量操作。

（4）培养规范操作、严谨求实的职业习惯。

分析检测中的工匠精神

## 相关知识

实验室常用天平包括托盘天平和分析天平两类。托盘天平称量准确性较差，适用于对称量要求不高的一般实验。分析天平种类很多，根据称量原理有等臂天平、不等臂天平和电子天平，分析天平称量的准确性较高，适用于称量要求较高的分析测定实验。

托盘天平的使用

### 一、托盘天平

托盘天平（又称台秤或台天平）是化学实验中常用的称量仪器，常用于一般称量。其构造如图 2-1 所示。

使用托盘天平称量之前要先调节零点。将游码拨至标尺的“0”位处，观察指针是否停在刻度盘的中间位置，若不在中间位置可调节托盘下侧的平衡螺钉，直到指针在中心线左右等距离摆动，或停在中心线上为止。

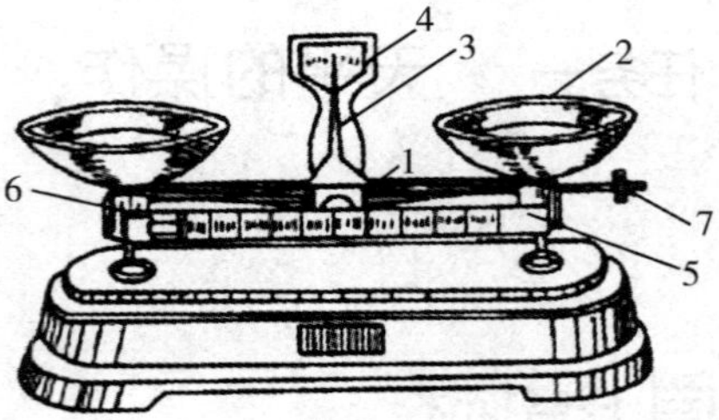

图 2-1　托盘天平

1—横梁　2—托盘　3—指针　4—刻度牌　5—游码标尺　6—游码　7—平衡调节螺丝

称量时，左盘放称量物，右盘放砝码，砝码用镊子夹取。10g 以下质量的可移动游码，当添加砝码到指针停在刻度盘的中间位置时，表示达到了平衡状态，此时砝码的质量加游码的质量就是称量物的质量。

称量时须注意以下几点：①称量物要放在纸片或表面皿上，不能直接放在托盘上，潮湿的或具有腐蚀性的药品则要放在玻璃容器内称量；②不能称热的东西；③称量完毕后，应将砝码放回砝码盒中，把刻度尺上的游码移至刻度“0”处，使托盘天平的各部分恢复原状。

### 二、电子天平

#### （一）电子天平的构造与使用

电子天平是最新一代的天平，它是利用电子装置完成电磁力补偿的调节，使物体在重力场中实现力的平衡，或通过电磁力矩的调节，使物体在重力场中实现力矩的平衡。电子天平一般均具有自动调零、自动校准、自动去皮和自动显示称量结果等功能。电子天平达到平衡时间短，使称量更加快速。电子天平的构造如图 2-2 所示。

使用电子天平操作过程如下：

**1. 水平调节**

天平开机前，应先观察水平仪的水泡是否位于圆环的中央，否则需调整天平底下的调节脚，使水泡位于水平仪中心。

2. 预热

接通电源，预热 30min 后方可开启显示器。

3. 开启显示器

轻按“ON”键，显示器全亮，约 2s 后，先显示天平的型号，稍后显示“0.0000g”，即可开始使用。如果显示不正好是“0.0000g”，则需按一下“TAR”键。

4. 校正

首次使用天平必须校正，天平长时间没有使用过或移动位置，应重新校正。按“CAL”键，天平将显示所需校正的砝码质量，放上标准砝码直至显示其质量，校正完毕，取下标准砝码。

图 2-2　电子天平

1—面板　2—水平仪　3—秤盘

5. 称量

将称量物轻放在秤盘上，待显示数字稳定后，即可读数，并记录称量结果。若需清零、去皮重，轻按“TAR”键，显示为零，即可去皮重。可继续在容器中加入药品进行称量，这时显示的是药品的净质量。将秤盘上所有物品拿走后，天平显示负值，按“TAR”键，天平显示为零。可根据实验要求选用一定的称量方法进行称量。

6. 称后检查

称量结束后，若较短时间内还使用天平（或其他人还使用天平），一般不用按“OFF”键关闭显示器。实验全部结束后，关闭显示器，切断电源。若短时间（如 2h 内）还使用天平，可按一下“OFF”键，不必切掉电源，让天平处于待命状态，再用时可省去预热时间，按一下“ON”键即可使用。

## （二）分析天平的称量方法

分析天平称取试样时，应根据不同的称量对象，采取相应的称量方法。

1. 直接称量法

天平零点调定后，用一干净的纸条套住（也可采用戴细纱手套、用镊子等方法）将称量物直接放置于秤盘上，所得读数即为被称物质量。这种称量方法适用于称量洁净干燥的器皿或棒状或块状的金属及其他整块的不易潮解或升华的固体样品，如小烧杯、表面皿、称量瓶等。

电子天平的使用(一)

2. 固定质量称量法

在分析工作中，有时要求准确称取某一指定质量的样品。例如用基准物质配制某一指定浓度的标准溶液时，便采用固定质量法称取基准物质。此法称量速度很慢，适于称量不吸水、在空气中性质稳定、颗粒细小或粉末状样品。

电子天平的使用(二)

称量方法是：先在电子天平上准确称出干燥洁净的容器质量（如

表面皿、小烧杯、称量纸等），然后按“TAR”键，显示屏上显示为零，打开侧门，缓缓往容器里倾注试样，当显示屏显示的读数达到称量要求后立即停止抖入试样，关上侧门，再次进行读数。

### 3. 差减称量法

有些试样在空气中不稳定（如吸水返潮），同时对称出样品的质量不要求固定值，只要在称量范围内即可，这时可用差减法称取。这种方法适用于一般的颗粒状、粉末状试样或液体试样。

电子天平的使用(三)

称量方法如下：用干净的纸条套住盛有样品的称量瓶，将其放到天平盘上准确称量。然后，同样用纸条套住称量瓶后将它从天平盘上取下，并置于盛接样品的容器上方，右手用小纸片夹住瓶盖柄，打开瓶盖，将称量瓶一边慢慢地向下倾斜，一边用瓶盖轻轻敲击瓶口的上部，使试样慢慢落入容器内，如图 2-3 所示。当倾出的试样接近所要称取的质量时，将称量瓶慢慢竖起，同时用称量瓶盖轻轻敲击瓶口侧面，使黏附在瓶口上的试样落入瓶内，再盖好瓶盖。把称量瓶再放回天平盘上称量，两次称得质量之差即为试样的质量。按上述方法连续递减，可称取多份试样。

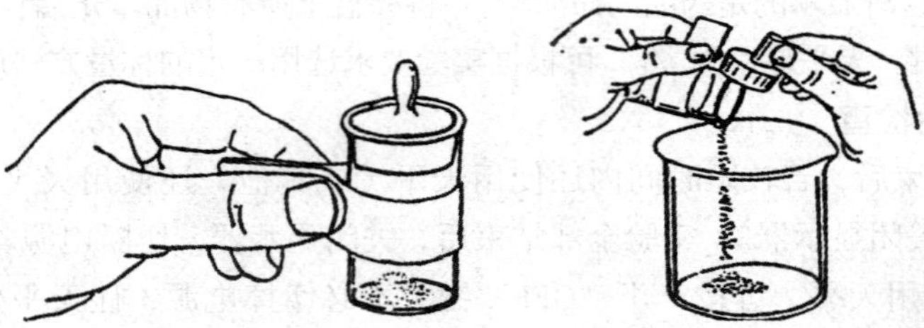

图 2-3　称量瓶手持方法及试样倾倒方法

称量瓶

附：干燥器的使用

干燥器是保持试剂干燥的容器，由厚质玻璃制成。其上部是一个磨口的盖子（磨口上涂有一层薄而均匀的凡士林），中部有一个有孔洞的活动瓷板，瓷板下放有干燥的氯化钙或硅胶等干燥剂，瓷板上放置装有需干燥存放的试剂的容器。

开启干燥器时，左手按住下部，右手按住盖子上的圆顶，沿水平方向向左前方推开器盖［如图 2-4（1）所示］。盖子取下后应放在桌上安全的地方（注意要磨口向上，圆顶朝下），用左手放入或取出物体，如坩埚或称量瓶，并及时盖好干燥器盖。加盖时，也应当拿住盖子圆顶，沿水平方向推移盖好。搬动干燥器时，应用两手的大拇指同时将盖子按住，以防盖子滑落而打碎［如图 2-4（2）所示］。

当坩埚或称量瓶等放入干燥器时，应放在瓷板圆孔内。但称量瓶比圆孔小时则应放在瓷板上。温度很高的物体必须冷却至室温或略高于室温，方可放入干燥器内。

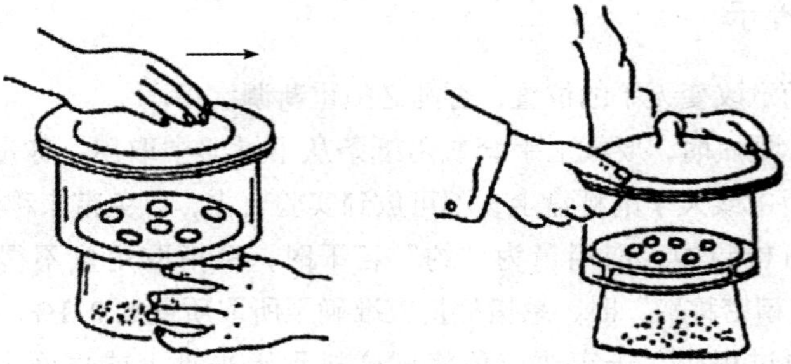

（1）开启　　（2）搬动

图 2-4　干燥器的使用

干燥器

## 任务实施

### 一、仪器与试剂

#### 1. 仪器

分析天平、干燥器、表面皿、称量瓶、小烧杯、牛角匙。

#### 2. 试剂

重铬酸钾（$K_2Cr_2O_7$）、氯化钠（NaCl）。

### 二、操作步骤

#### 1. 直接称量法

用直接称量法称量小烧杯、表面皿的质量并记录。

#### 2. 固定质量称量法

（1）准确称出干燥的表面皿的质量，并去皮，天平显示零点。

（2）用牛角匙缓慢将 $K_2Cr_2O_7$试样抖入到表面皿中，直至天平显示 0.4903g，此时称取的试样质量为 0.4903g。将称好的表面皿上的试样小心转入烧杯中，对黏在表面皿上的少量粉末可用蒸馏水吹洗入接受器中。用同样的方法再称取一份 0.4903g $K_2Cr_2O_7$。

#### 3. 差减称量法

（1）取一洁净干燥的称量瓶，装入适量的氯化钠试样，准确称出其质量，记录为 $m_1$。

（2）按差减法的操作，将称量瓶中氯化钠试样小心倾出约 0.2g 于锥形瓶中，再准确称取称量瓶和剩余试样质量，记录为 $m_2$。以同样方法再连续称取两份试样，并记录。

称量完毕后，取下被称物，关闭天平。如果长时间不再用天平，应拔下电源插头。填写天平使用记录。

## 三、技术提示

（1）不得随意改变天平的位置，否则必须重新调水平。

（2）取用称量瓶时，要戴上手套或用纸条从干燥器中取用，称量瓶一经取出只能在实验人员手中或天平的秤盘上，不可放到实验台上，以免带来称量误差。

（3）在分析检验中，取用量为“约”若干时，系指取用量不得超过规定量的±10%，规定“精密称取”时，系指称量应准确至所取质量的0.1%。

（4）在称量过程中，一定要避免将试样抖到天平盘上或桌面上，否则必须重称，且用毛刷清扫天平盘。

（5）所称物品质量不得超过天平的最大载量。称量读数必须立即记录在任务工单中，不得记在其他地方。

## 四、数据记录

### 1. 直接法称量

称量小烧杯、表面皿并记录，见表2-1。

表2-1 直接称量法记录

| 试样 | 质量/g |
| --- | --- |
| 小烧杯 | |
| 表面皿 | |

### 2. 固定质量法称量

称量0.4903g$K_2Cr_2O_7$固体并记录，见表2-2。

表2-2 固定质量称量法记录

| 编号 | 1 | 2 |
| --- | --- | --- |
| 试样质量/g | | |

### 3. 差减法称量

准确称量约0.2gNaCl并记录，见表2-3。

表2-3 差减称量法记录

| 编号 | 1 | 2 | 3 |
| --- | --- | --- | --- |
| 倾出试样前称量瓶+试样质量 $m_1$/g | | | |
| 倾出试样后称量瓶+试样质量 $m_2$/g | | | |
| 试样质量 $m$/g | | | |

## 五、考核标准

考核标准见表 2-4。

表 2-4　考核标准

| 考核项目 | | 考核内容 | 分值 | 得分 |
|---|---|---|---|---|
| 准备工作 | | 天平的检查，调节水平 | 3 | |
| | | 清扫天平 | 2 | |
| | | 预热 | 3 | |
| | | 调零点 | 2 | |
| 称量操作 | 直接称量法 | 烧杯、表面皿的拿取 | 3 | |
| | | 读数 | 5 | |
| | 固定质量称量法 | 表面皿的放置 | 2 | |
| | | 去皮操作 | 2 | |
| | | 加样方法 | 3 | |
| | | 吹洗表面皿 | 5 | |
| | | 读数 | 3 | |
| | | 重称 | 5 | |
| | 差减称量法 | 天平门开关动作 | 2 | |
| | | 拿取称量瓶的方法 | 5 | |
| | | 称量瓶放置在天平盘中央 | 2 | |
| | | 敲样动作正确 | 3 | |
| | | 称量一份试样敲样不应超过 3 次 | 5 | |
| | | 试样无洒落 | 3 | |
| | | 称样质量在要求范围内 | 5 | |
| | | 规定时间内完成称量 | 5 | |
| | | 称量瓶及时放回干燥器 | 2 | |
| 结束工作 | | 关闭天平 | 3 | |
| | | 填写天平使用登记表 | 2 | |
| 数据记录及处理 | | 数据记录及时、真实、正确、整洁 | 5 | |
| | | 有效数字正确 | 5 | |
| | | 计算准确 | 5 | |
| 职业素质 | | 穿实验服、文明操作 | 3 | |
| | | 节约药品 | 2 | |
| | | 实验中严谨细致、一丝不苟 | 3 | |
| | | 实验结束物品归位，台面整洁 | 2 | |

# 任务二 移液管的操作

移液管的操作

## 任务描述

移液管（吸量管）是化学实验中最常用的移量容器。通过讲解和观看视频了解移液管的使用方法，并在教师的指导下学会移液管的操作，然后对照移液管的考核标准规范地完成移液操作。

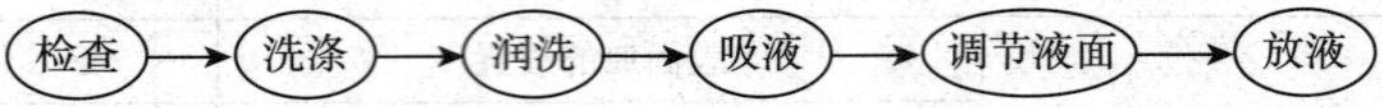


## 任务要求

（1）能规范使用移液管。

（2）学会用移液管和吸量管准确移取一定体积的溶液。

（3）养成规范操作、节约环保的职业习惯。

## 相关知识

滴定分析过程中常用到的仪器主要有滴定管、移液管、吸量管、容量瓶等，均是准确测量溶液体积的量器。

移液管

量器分为量入式量器和量出式量器。量入式量器主要用于测量量器中所容纳液体的体积，量器上标有“In”的字样，其体积称为标称体积，如容量瓶。量出式量器主要用于测量从量器中排（放）出液体的体积，量器上标有“Ex”字样，体积称为标称容量，如滴定管、移液管和吸量管。

根据量器的容量所允许的误差和水的流出时间各类量器又分为 A 级、B 级，其中量筒和量杯不分级。凡是 B 级的容量允差比同种 A 级的大，也就是说 A 级比 B 级准确。移液管和吸量管上如标有“快”字为快流式，有“吹”字为吹出式，无“吹”字的吸量管不可以将管尖的残留液吹出。

### 一、移液管的种类

移液管属于量出容器，用于精确量取一定体积液体的仪器，用符号“Ex”表示。移液管通常分为两类，一类是中间有一胖肚，上部的细颈有一环形标线，当吸取至其弯月面与标线相切时，此时放出的溶液体积等于管上所标的体积。常用的移液管有 5mL、

10mL、20mL、25mL、50mL 等规格。另一类是带有分刻度的移液管，常称为吸量管（或刻度吸管），有 1mL、2mL、5mL、10mL 等规格，可用于准确量取不同体积的溶液。

## 二、移液管的使用

移液管的使用

根据所移溶液的体积和要求选择合适规格的移液管使用。使用前首先要看一下移液管标记、准确度等级、刻度标线位置等，然后检查移液管的管口和尖嘴有无破损，若有破损不能使用。

### 1. 洗涤

使用前，应洗涤移液管。如有必要，可将移液管插入铬酸洗液中，用洗耳球将洗液慢慢吸至移液管容积的 1/3 处，以右手食指按住管口，把管横过来旋转，使洗液布满全管，然后将洗液放回原瓶。也可以将移液管或吸量管放入盛有洗液的大量筒或高型玻璃筒内浸泡数分钟至数小时。然后用自来水冲洗残留的洗液，再用少量蒸馏水润洗 3 次，洗净后的移液管内壁应不挂水珠。用滤纸片将移液管末端内外残留的水吸干。

### 2. 润洗

移取溶液之前，先用洗净并烘干的小烧杯倒出一部分欲移取的溶液，用洗耳球吸取溶液至移液管体积的 1/3 左右，立即用右手指按住管口，将管横持，用两手的拇指及食指分别拿住移液管的两端转动移液管并使溶液布满全管内壁，当溶液流至距上口 2~3cm 时，将管直立，使溶液从移液管的下管口放出，同时洗涤小烧杯，弃去溶液。如此操作，润洗 2~3 次。

### 3. 吸液

将润洗过的移液管插入待吸液液面下 1~2cm 处用洗耳球按上述操作方法吸取溶液，当管内液面上升至标线以上 1~2cm 处时，迅速用右手食指堵住管口，将移液管提出待吸液面，并将管尖端接触待吸液容器内壁片刻后提起，用滤纸擦干移液管下端管口外壁黏附的溶液。在移动移液管时，应将移液管保持垂直，不能倾斜，如图 2-5（1）所示。

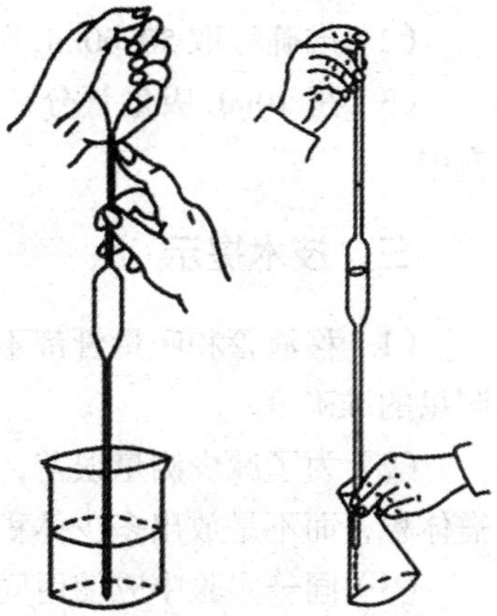

（1）吸液　　（2）放液

图 2-5　移液管的使用

### 4. 调节液面

左手另取一洁净小烧杯，将移液管管尖紧靠小烧杯内壁，小烧杯倾斜 30°，移液管保持垂直，刻度线和视线保持水平，稍稍松开食指用拇指及中指轻轻捻转管身，使液面缓慢下降，直到视线平视时弯月面与标线相切，立即用食指压紧管口。将尖口处紧靠烧杯内壁，向烧杯口移动少许，去掉尖口处的液滴。将移液管小心移至承接溶液的容器中。

5. 放液

将移液管直立，接受器倾斜，管下端紧靠接受器内壁，放开食指，让溶液沿接受器内壁流下［如图 2-5（2）所示］。管内溶液流完后，保持放液状态停留 15s，将移液管尖端在接受器靠点处靠壁前后小距离滑动几下（或将移液管尖端靠接受器内壁旋转一周），移走移液管。如果移液管管身标有“吹”字，则在液体放出后将管尖残留的少量溶液用洗耳球吹出。

实验完毕，立即洗净移液管，放置在移液管架上。

用吸量管吸取溶液时，操作与移液管相同。

## 任务实施

### 一、仪器与试剂

1. 仪器

移液管、吸量管、小烧杯、250mL 锥形瓶、容量瓶、洗耳球、洗瓶。

2. 试剂

蒸馏水。

### 二、操作步骤

（1）准确移取 10.00mL 自来水于 250mL 锥形瓶中。

（2）准确移取 50.00mL 自来水于 250mL 锥形瓶中。

（3）用 10mL 吸量管分别移取 2mL、4mL、6mL、8mL、10mL 自来水至不同容量瓶中。

### 三、技术提示

（1）移液管和吸量管都不可放在烘箱中烘干和加热，以免引起容积变化而影响测量的准确度。

（2）为了减少测量误差，吸量管每次都应从最上面刻度为起始点，往下放出所需体积，而不是放出多少体积就吸取多少体积。

（3）同一实验中应使用同一吸量管。

（4）吸取溶液后，用滤纸擦干下管口外壁，调节液面至刻度线时，不可再用滤纸擦下管口外壁，以免管尖出现气泡。

（5）“左手吸，右手调”，要学会用右手食指自如地控制液面。

### 四、考核标准

考核标准见表 2-5。

表 2-5　考核标准

| 考核项目 | 考核内容 | 分值 | 得分 |
|---|---|---|---|
| 移液管的准备 | 洗涤干净 | 3 | |
| | 润洗前内外溶液的处理 | 2 | |
| | 润洗动作正确 | 5 | |
| | 润洗时吸液未吸空 | 2 | |
| | 润洗时未回流 | 3 | |
| 移液管的准备 | 润洗次数不少于 3 次 | 5 | |
| | 润洗液量在 1/3 左右 | 3 | |
| | 润洗液从尖嘴放出 | 2 | |
| 移液 | 握持姿势 | 3 | |
| | 插入液面下 1~2cm | 3 | |
| | 吸液高度（刻度线以上 1~2cm） | 3 | |
| | 未吸空 | 3 | |
| 调节液面 | 调节液面前擦干外壁 | 5 | |
| | 调刻线时移液管竖直，下端尖嘴靠壁 | 3 | |
| | 视线水平，刻线准确 | 5 | |
| | 未因调刻线失败重吸 | 2 | |
| | 调好刻线时移液管下端无气泡且无挂液 | 5 | |
| | 调节液面时废液放入废液杯 | 3 | |
| 放液 | 放液时移液管竖直、靠壁 | 5 | |
| | 接受器倾斜 30°~45° | 3 | |
| | 溶液流完后停靠 15s | 5 | |
| | 放液后管尖靠壁左右旋转 | 3 | |
| | 用少量水冲下接受器壁上的溶液 | 5 | |
| 结束工作 | 洗净仪器 | 5 | |
| | 移液管使用后的放置 | 3 | |
| 职业素质 | 穿实验服、文明操作 | 2 | |
| | 操作规范、注意细节 | 3 | |
| | 注重质量、规范、环保 | 2 | |
| | 精益求精、追求卓越 | 2 | |
| | 实验结束物品归位，台面整洁 | 2 | |

# 任务三　容量瓶的操作

容量瓶的使用

## 任务描述

容量瓶主要是用来精确配制一定体积和一定浓度的溶液的量器。 通过讲解和观看视频了解容量瓶及其使用方法，并在教师的指导下对照容量瓶的考核标准规范地完成定容操作。

验漏 → 洗涤 → 转移 → 稀释 → 定容 → 摇匀

## 任务要求

（1）学会容量瓶的使用方法。

（2）学会溶解、转移、洗涤、定容等基本操作。

（3）养成科学严谨的工作作风和规范操作的职业习惯。

## 相关知识

容量瓶

### 一、容量瓶简介

容量瓶主要用于配制准确浓度的溶液或定量地稀释溶液。 它是一种细颈梨形的平底玻璃瓶，带有磨口玻璃塞，颈上有一标线，在指定温度下，当溶液充满至液面的弯月面与标线相切时，所容纳的溶液体积等于瓶上标示的体积。 属于量入式玻璃仪器，用符号“In”表示。 容量瓶常用的规格有 10mL、25mL、50mL、100mL、250mL、500mL 及 1000mL 等。

### 二、容量瓶的使用

#### 1. 验漏

容量瓶使用前应检查瓶塞处是否漏水。 具体操作方法是：在容量瓶中加自来水至标线附近，塞紧瓶塞，用右手食指按住瓶塞，拇指和中指拿持瓶颈部分，另一只手五指指尖托住容量瓶底边缘，将其倒立（瓶口朝下）2min 后，观察瓶塞处是否有水渗出。 若无水渗出，将瓶直立且将瓶塞旋转 180°后，再次倒立，检查是否漏水，如仍不漏水，则可使用。

#### 2. 洗涤

容量瓶使用前必须要洗涤干净。 方法是：将瓶内自来水流尽后，倒入少量洗液或合成洗涤剂，边转动边倾斜使洗液润洗全部内壁，然后将洗液倒回原瓶。 再依次用自来水冲洗、蒸馏水润洗 3 次备用。

#### 3. 转移

如果是用固体物质配制标准溶液，通常将固体准确称量后放入烧杯中，用少量蒸馏水或溶剂使之全部溶解，然后将玻璃棒一端靠在容量瓶颈内壁上，另一手拿着烧杯，让烧杯嘴紧靠玻璃棒，慢慢倾斜烧杯，使溶液沿玻璃棒顺瓶壁流下（见图 2-6）。 溶液流完后，将烧杯嘴贴紧玻璃棒轻轻上提，同时将烧杯慢慢直立，使附在玻璃棒与烧杯嘴之间的液滴流回到烧杯中。残留在烧杯和玻璃棒上的少许溶液再用少量蒸馏水淋洗，洗涤液按上述方法转移到容量瓶中，如此重复 2~3 次。

如果是把浓溶液定量稀释，则可用移液管或吸量管直接吸取一定体积的溶液移入容量瓶中，再按稀释方法定容。

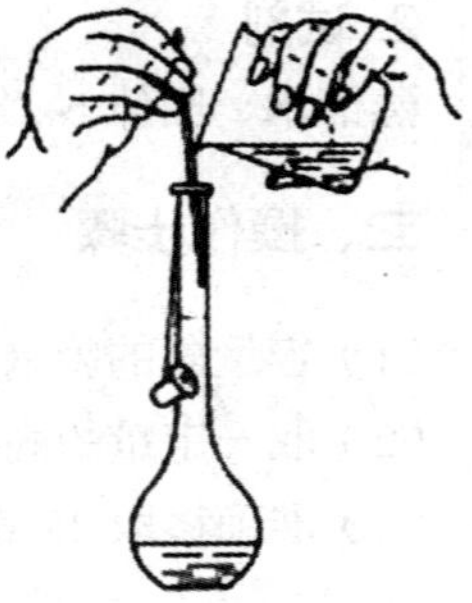

图 2-6　向容量瓶转移溶液

4. 稀释

溶液转入容量瓶后，用蒸馏水或溶剂进行稀释。当蒸馏水或溶剂加至容量瓶容积的 3/4 左右时，用右手食指和中指夹住瓶塞的扁头，将容量瓶拿起，按水平方向旋转摇动几周，使溶液初步混匀。继续加水至距离标线约 1cm 处，放置 1~2min。

5. 定容

用左手拇指和食指拿起容量瓶磨口处，保持容量瓶垂直，使刻度线和视线保持相平，用细长滴管滴加蒸馏水至弯月面下缘与标线相切，视线应与刻度线在同一平面上。

6. 摇匀

盖好瓶塞，左手用食指按住瓶塞上部，其余四指拿住瓶颈标线以上部分，用另一只手的指尖托住瓶底边缘（见图 2-7），将容量瓶倒转，使气泡上升到顶，将瓶振荡数次，再次倒转过来进行振荡，如此反复 10 次以上。放正容量瓶，将瓶塞稍提起并旋转 180°，让瓶塞周围的溶液流下，重新盖好，重复前述振摇操作 5 次以上，使溶液充分混匀。

浓溶液的定量稀释，用移液管吸取一定体积的浓溶液移入容量瓶中，按上述方法稀释至标线，摇匀。

需避光的溶液应使用棕色容量瓶配制，热溶液冷却至室温后，才能转入容量瓶，以免影响其精度。

图 2-7　溶液的混匀

容量瓶不能长期存放溶液，不可将容量瓶当作试剂瓶使用，尤其是碱性溶液会侵蚀瓶塞，使之无法打开，也不能用火直接加热及烘烤。使用完毕后应立即洗净，如长时间不用，磨口处应洗净擦干，并用纸片将磨口隔开。

## 任务实施

### 一、仪器与试剂

1. 仪器

容量瓶、小烧杯、玻璃棒、移液管、洗耳球、胶头滴管、洗瓶。

## 2. 试剂

蒸馏水、固体 NaCl。

## 二、操作步骤

（1）容量瓶的验漏和洗涤。

（2）取一定量的固体 NaCl 溶解后转移至 250mL 容量瓶，然后定容、混匀。

（3）准确移取 25.00mL 自来水于 250mL 容量瓶中，然后定容、混匀。

## 三、技术提示

（1）容量瓶塞与容量瓶要配套使用。 使用中，不可将扁头的玻璃磨口塞放在桌面上，以免沾污和搞错。 操作时，可用一手的食指及中指（或中指及无名指）夹住瓶塞的扁头，当操作结束时，随手将瓶盖盖上。 也可用橡皮圈或细绳将瓶塞系在瓶颈上，细绳应稍短于瓶颈。

（2）转移溶液时，玻璃棒不得拿出随便放置，以免玻璃棒上的溶液损失及吸附杂质带入溶液。

（3）平摇是水平摇动容量瓶，切勿倒转摇动，而且不要加塞。

（4）定容时滴管不要接触容量瓶内壁及液面。

## 四、考核标准

考核标准见表 2-6。

表 2-6　考核标准

| 考核项目 | 考核内容 | 分值 | 得分 |
|---|---|---|---|
| 容量瓶的准备 | 容量瓶验漏方法正确 | 5 | |
| | 容量瓶洗涤干净 | 5 | |
| 定量转移 | 固体试样完全溶解 | 5 | |
| | 玻璃棒拿出前靠去所挂液体 | 2 | |
| | 玻璃棒下端插入磨口下端附近 | 3 | |
| | 玻璃棒不碰瓶口 | 3 | |
| | 烧杯离瓶口 2cm 左右 | 2 | |
| | 溶液不外流 | 5 | |
| | 吹洗玻璃棒、容量瓶口 | 5 | |
| | 洗涤烧杯至少 3 次 | 5 | |
| 定容 | 溶液转入容量瓶 3/4 时平摇 | 5 | |
| | 近刻度线放置 1~2min | 5 | |
| | 用滴管定容 | 5 | |
| | 平视液面 | 5 | |
| | 液面与刻度线相切 | 5 | |

续表

| 考核项目 | 考核内容 | 分值 | 得分 |
|---|---|---|---|
| 摇匀 | 摇匀动作正确 | 5 | |
| | 摇动 10 次左右开塞 | 5 | |
| | 溶液全部落下后进行下一次摇匀 | 2 | |
| | 摇匀次数不少于 15 次 | 2 | |
| 结束工作 | 容量瓶中溶液转移至试剂瓶 | 5 | |
| | 洗净仪器 | 5 | |
| 职业素质 | 穿实验服、文明操作 | 2 | |
| | 操作规范、注重细节 | 3 | |
| | 注重质量、规范、环保 | 2 | |
| | 精益求精、追求卓越 | 2 | |
| | 实验结束物品归位，台面整洁 | 2 | |

# 任务四　溶液的配制

## 任务描述

溶液的配制包括由固体物质配制成一定浓度的溶液和浓溶液通过稀释得到一定浓度的溶液两种方法。要学会溶液的配制，需要先了解分析实验室用水、化学试剂、分析仪器的使用及溶液的配制方法。本任务中要完成盐酸（HCl）溶液、氢氧化钠（NaOH）溶液和邻苯二甲酸氢钾溶液的配制。

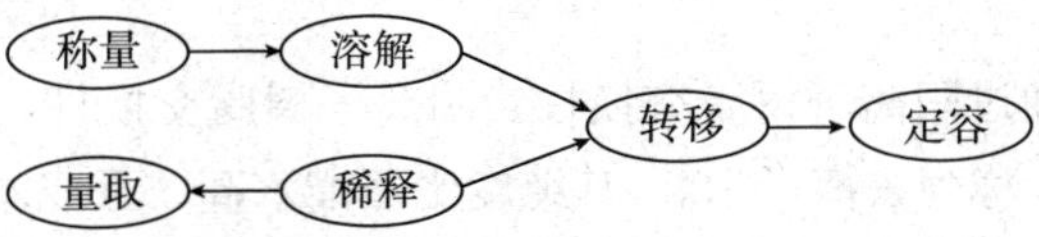


## 任务要求

（1）能用固体物质和液体试剂配制一般溶液，训练托盘天平和量筒的使用。

（2）能用基准物质直接配制标准溶液，进一步练习移液管和容量瓶的使用。

（3）树立严谨细致、实事求是的工作作风。

## 相关知识

实验室用水

### 一、实验室用水

分析实验中用于溶解、稀释和配制溶液的水都必须经过净化。实验要求不同，对水质的要求也不同，应根据实验要求，采用不同净化方法得到纯水。表 2-7 摘自 GB/T 6682—2008 分析实验室用水规格和试验方法。根据标准规定，分析实验室用水分为三个级别。一级水用于有严格要求的分析实验，包括对颗粒有要求的实验，如高效液相色谱用水。一级水可用二级水经过石英设备蒸馏或离子交换混合窗处理后，再用 0.2nm 微孔滤膜过滤来制取。二级水用于无机痕量分析等实验，如原子吸收光谱分析用水。二级水可用多次蒸馏或离子交换等制得。

表 2-7 化学实验室用水的级别及主要技术指标（摘自 GB/T 6682—2008）

| 指标名称 | | 一级 | 二级 | 三级 |
|---|---|---|---|---|
| pH 范围（25℃） | | — | — | 5.0~7.5 |
| 电导率（25℃）/（mS/m） | ≤ | 0.01 | 0.10 | 0.50 |
| 可氧化物质（以 O 计）/（mg/L） | ≤ | — | 0.08 | 0.4 |
| 蒸发残渣（105±2℃）/（mg/L） | ≤ | — | 1.0 | 2.0 |
| 吸光度（254nm，1cm 光程） | ≤ | 0.001 | 0.01 | — |
| 可溶性硅（以 $SiO_2$ 计）/（mg/L） | ≤ | 0.01 | 0.02 | — |

常用的制备方法主要有三种：

#### 1. 蒸馏法

将自来水在蒸馏装置中加热汽化，再将蒸汽冷却，即得到蒸馏水。蒸馏法设备成本低，操作简单，但能量消耗大，且只能除去水中非挥发性杂质及微生物等，不能完全除去水中溶解的气体杂质。此外，由于蒸馏装置所用材料不同，所带的杂质也不同，目前使用的蒸馏装置是由不锈钢、纯铝和玻璃等材料制成的，所以可能会带入金属离子，为三级水。

#### 2. 离子交换法

将自来水依次通过阳离子树脂交换柱、阴离子树脂交换柱、阴阳离子树脂混合交换柱后所得的水，称为去离子水。其纯度比蒸馏水高，且成本低，但设备及操作较复杂，不能除去非离子型杂质，常含有微量的有机物，为三级水。

#### 3. 电渗析法

这种方法是在直流电场的作用下，利用阴阳离子交换膜对原水中存在的阴阳离子选择性渗透的性质而去除离子型杂质。同离子交换法相似，此法也不能除去非离子型杂质。好的电渗析器所制备的纯水的电阻率为 0.15~0.20MΩ·cm，接近三级水的质量，仅适用于要求不是很高的分析项目。

## 二、化学试剂

化学试剂

分析化学实验中所用试剂的质量，直接影响分析结果的准确性，因此应根据所做试验的具体情况，如分析方法的灵敏度与选择性、分析对象的含量及对分析结果准确度的要求等，合理选择相应级别的试剂，在既能保证实验正常进行的同时，又可避免不必要的浪费。另外试剂应合理保存，避免沾污和变质。

### （一）常用试剂的规格

化学试剂的规格是根据试剂纯度划分的，一般分为四个等级。试剂的分级、标签颜色和主要用途列于表 2-8。

表 2-8　　一般化学试剂的规格及选用

| 级别 | 中文名称 | 英文符号 | 适用范围 | 标签颜色 |
|---|---|---|---|---|
| 一级 | 优级纯（保证试剂） | G. R | 精密分析实验 | 绿色 |
| 二级 | 分析纯（分析试剂） | A. R | 一般分析实验 | 红色 |
| 三级 | 化学纯 | C. P | 一般化学实验 | 蓝色 |
| 四级 | 实验试剂 | L. R | 一般化学实验辅助试剂 | 棕色或其他颜色 |

此外，根据试剂的专门用途，还有光谱试剂、色谱试剂和生物试剂等，这些试剂分别用于光谱分析、色谱分析和生物实验。

不同级别的试剂因纯度不同价格差别很大，因此，在满足实验要求的前提下，为降低实验成本，应尽量选用较低级别的试剂，以免造成不必要的浪费。

### （二）化学试剂的取用

化学试剂一般在准备实验时分装，固体试剂装在易于取放的广口瓶内，液体试剂则盛在细口瓶或滴瓶内，见光易分解的试剂应放在棕色瓶内，盛碱液的细口瓶应用橡皮塞。每一个试剂瓶上都应贴有标签，标明试剂的名称、浓度和日期。

#### 1. 固体试剂的取用

（1）要用清洁、干燥的药匙取用试剂。药匙的两端为大、小两个匙，分别用于取大量固体试剂和少量固体试剂。用过的药匙洗净晾干后，存放在干净的器皿中。

（2）不要多取试剂，多取的试剂不能倒回原试剂瓶，可放在指定的容器中以供他用。

（3）称取一定质量的固体试剂时，应把固体放在称量纸上称量。具有腐蚀性或易潮解的固体试剂，必须放在表面皿或玻璃容器内称量。

（4）往试管（特别是湿试管）中加入粉末状固体试剂时，可用药匙或将取出的试剂放在对折的纸条上，伸进平放的试管中约 2/3 处，然后直立试管，把试剂放下去。

（5）往试管中加入块状固体试剂时，应将试管倾斜，使试剂沿管壁缓慢滑下，不能垂直悬空投入，以免击破管底。

（6）固体试剂的颗粒较大时，可在研钵中研碎后取用。

（7）有毒的试剂要在教师指导下取用。

2. 液体试剂的取用

（1）从试剂瓶取用液体试剂时要用倾注法。先将瓶塞倒放在实验台面上，把试剂瓶上贴标签一面握在手心中，逐渐倾斜试剂瓶，让试剂沿着洁净的试管壁流入试管，或沿着洁净的玻璃棒注入烧杯中。取出所需量后，应将试剂瓶口在容器或玻璃棒上靠一下，再逐渐竖起试剂瓶，以免遗留在瓶口的液滴流到试剂瓶的外壁（见图2-8）。

（2）从滴瓶中取少量试剂时，应提起滴管，使滴管口离开液面，用手指紧捏滴管上部的橡皮胶头，赶出滴管中的空气，然后把滴管伸入试剂里，放松手指吸入试剂，再提起滴管，垂直地放在试管口或烧杯的上方将试剂逐滴滴入（见图2-9）。

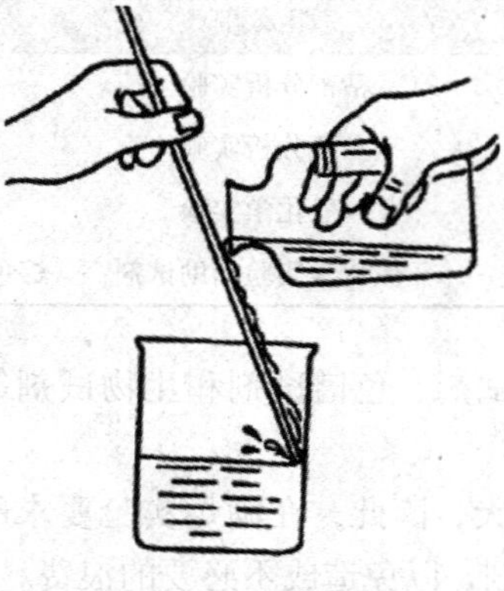

图2-8　将液体试剂倒入烧杯中

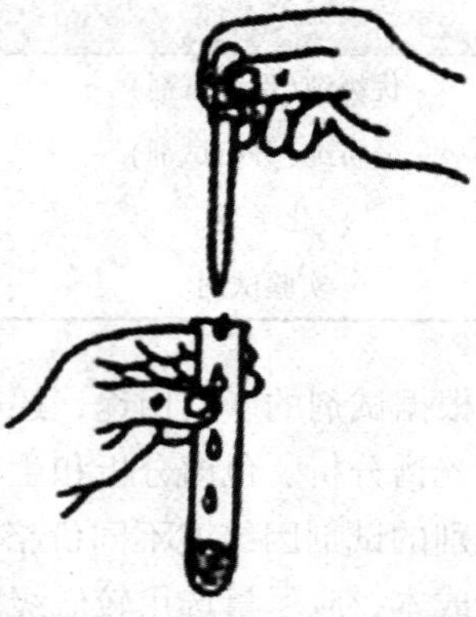

图2-9　用滴管取用试剂

使用滴瓶时要注意以下几点：

①滴加试剂时禁止将滴管伸入试管中；

②滴瓶上的滴管使用后应立即插回到原来的滴瓶中，不得将滴管乱放，以免沾污；

③用滴管从滴瓶中取出试剂后，应保持橡皮胶头在上，不能平放或斜放，以防滴管中的试剂流入腐蚀胶头，沾污试剂；

④滴加完毕后，应将滴管中剩余的试剂挤入滴瓶中，不能捏着胶头将滴管放回滴瓶，以免滴管中充有试剂。

（3）定量取用液体试剂时，一般用量筒、移液管量取或用滴管吸取。多取的试剂不能倒回原瓶，应倒入指定容器内以供他用。

## 三、溶液的配制

根据溶液所含溶质是否确知，溶液可分为两种，一种是浓度准确已知的溶液，称为标准溶液，这种溶液的浓度可准确表示出来（定量分析中用4位有效数字表示）。另一种浓度不是确知的，称为一般溶液，这种溶液的浓度一般用1~2位有效数字表示出来。这两种溶液适用于不同的要求，如在定量测定实验中，需要配制标准溶液，在一般物质化学性质实验中，则使用一般溶液即可。

## （一）一般溶液的配制

在配制一般溶液时，一般利用台秤、量筒、带刻度烧杯等低准确度的仪器配制就能满足需要。

### 1. 固体试剂配制溶液

对易溶于水而不发生水解的固体试剂，如 NaOH、$H_2C_2O_4$、$KNO_3$、NaCl 等，配制其溶液时，可用托盘天平称取所需量的固体试剂，倒入带刻度的烧杯中，加入少量蒸馏水，搅拌溶解后稀释至所需体积，即得所需的溶液。然后将溶液移入试剂瓶中，贴上标签，备用。

### 2. 液体试剂配制溶液

对于液体试剂，如盐酸、硫酸、硝酸、醋酸、氨水等，配制其稀溶液时，先用量筒（量杯）量取所需量的浓溶液，然后用适量的蒸馏水稀释。配制 $H_2SO_4$溶液时需特别注意，应在不断搅拌下将浓硫酸缓慢地倒入蒸馏水中，切不可将操作顺序倒过来。

量筒作为量出容器，是实验室最常用的度量液体体积的仪器。实际使用过程中可根据需要选择不同体积的量筒，一般选择的量筒容量略大于所需量取溶液的体积，若选择的量筒容积太大，则会造成较大的测量误差。

图2-10所示为量筒取液的方法。将液体注入量筒时，试剂瓶嘴应紧贴量筒的管口非量筒嘴一边，保持量筒竖直，倾倒液体应缓慢，液体应顺着量筒内壁缓缓流入。量筒读数时同样应保持量筒竖直，视线与量筒内凹液面底的切线相平，正确进行读数。将量筒内的液体倒入容器，倒完后需多停留一会，不得立刻移走量筒，以使量筒内液体全部倒出，但不需用自来水冲洗量筒后将洗涤液一起倒入容器。

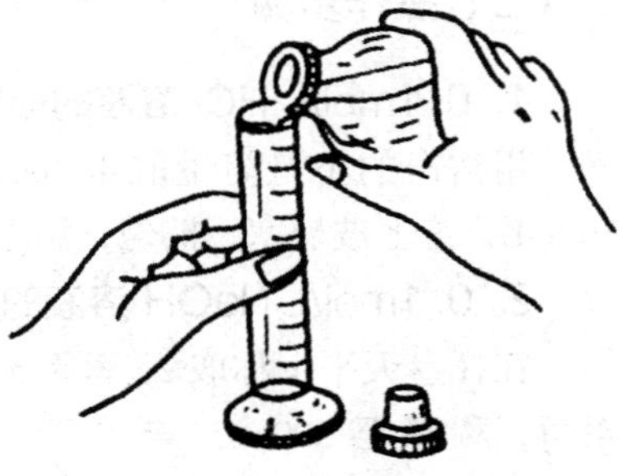

图2-10　量筒取液的方法

## （二）标准溶液的配制

配制标准溶液的方法一般有直接配制法和间接配制法两种。

### 1. 直接法

用精度为 ±0.0001g 的分析天平准确称取一定量基准试剂于烧杯中，加入适量的蒸馏水溶解后转入容量瓶，再用蒸馏水稀释至刻度，摇匀，根据物质的质量和溶液体积，即可计算出该标准溶液的准确浓度。能用直接法配制标准溶液的一定是基准物质，常用的基准物质有草酸、氯化钠、无水碳酸钠、重铬酸钾等。

### 2. 间接法

不符合基准试剂条件的物质（如 NaOH、HCl 等），不能用来直接配制标准溶液，可按照一般溶液的配制方法配成大致所需浓度的溶液，然后再用基准物质或另一种标准溶液测出它的准确浓度，这个过程称作标定，这种配制标准溶液的方法也称标定法。

实验中有时也用稀释方法，将浓的标准溶液稀释为稀的标准溶液。具体作法为：准确量取（通过移液管或吸量管）一定体积的浓溶液，放入适当的容量瓶中，用蒸馏水稀释到刻度，即得到所需的标准溶液。

## 任务实施

### 一、仪器与试剂

#### 1. 仪器

托盘天平、量筒、烧杯、分析天平（精度为 ±0.0001g）、容量瓶、滴管、洗耳球、玻璃棒、试剂瓶、标签。

#### 2. 试剂

固体 NaOH、浓盐酸、邻苯二甲酸氢钾（在 105~110℃干燥后备用）、蒸馏水。

### 二、操作步骤

#### 1. 0.1mol/L HCl 溶液的配制

用洁净的小量筒量取 4.2mL 浓盐酸，倒入 500mL 试剂瓶中，用蒸馏水稀释至 500mL，盖上玻璃塞，摇匀，贴上标签备用。

#### 2. 0.1mol/L NaOH 溶液的配制

在托盘天平上称取 2g 固体 NaOH 于 500mL 烧杯中，加入 50mL 蒸馏水使之全部溶解，稀释至 500mL，转移至试剂瓶中，用橡皮塞塞好瓶口，摇匀，贴上标签备用。

#### 3. 邻苯二甲酸氢钾标准溶液的配制

用差减称量法准确称取邻苯二甲酸氢钾基准试剂 5.0~5.2g（称准至 0.0001g）于 250mL 烧杯中，用煮沸后刚冷却的蒸馏水 80~100mL 溶解，冷却后全部转移至 250mL 容量瓶中，再用煮沸后冷却的蒸馏水洗涤烧杯 3 次，洗涤液转移至容量瓶中，定容，摇匀。贴上标签，注明名称、准确浓度、配制日期，备用。

### 三、技术提示

（1）强酸强碱使用时要注意安全，提防化学灼伤。具有腐蚀性的物体应放入烧杯中称量；

（2）配好的溶液要放置达到室温后才能装入试剂瓶中。

## 四、考核标准

考核标准见表2-9。

表2-9　考核标准

| 考核项目 | 考核内容 | 分值 | 得分 |
| --- | --- | --- | --- |
| 量筒的使用 | 量筒规格选择正确 | 2 | |
| | 倾倒液体方法正确 | 2 | |
| | 读数方法正确 | 3 | |
| 托盘天平的使用 | 称量前检查 | 2 | |
| | 左物右砝 | 3 | |
| | 取用砝码用镊子 | 3 | |
| | 取用固体药品用药匙 | 3 | |
| | 称量完毕砝码放入盒内 | 2 | |
| 基准物质的称量操作 | 天平准备（水平、清扫、预热、调零） | 5 | |
| | 称量瓶放于盘中央 | 2 | |
| | 敲样正确 | 5 | |
| | 试样无洒落 | 2 | |
| | 敲样次数不超过3次 | 3 | |
| | 称量量符合要求 | 3 | |
| | 称量记录正确 | 2 | |
| | 加入蒸馏水溶解固体物质 | 3 | |
| | 玻璃棒搅拌，玻璃棒不得碰容器内壁 | 2 | |
| | 试样完全溶解 | 3 | |
| 容量瓶的使用 | 容量瓶洗涤 | 2 | |
| | 容量瓶验漏 | 3 | |
| | 溶液沿玻璃棒注入容量瓶，溶液无洒落 | 5 | |
| | 用约30mL水洗涤烧杯和玻璃棒2~3次，洗涤液注入容量瓶 | 5 | |
| | 溶液转入容量瓶3/4处平摇 | 2 | |
| | 近刻线1cm处停留2min | 3 | |
| | 接近刻度1cm，改用滴管加水，滴管尖嘴不得伸进或接触瓶口 | 3 | |

续表

| 考核项目 | 考核内容 | 分值 | 得分 |
|---|---|---|---|
| 容量瓶的使用 | 溶液凹面与刻度相切 | 2 | |
| | 摇匀动作正确 | 3 | |
| | 摇匀过程中换气 1 次 | 2 | |
| | 摇匀次数≥15 次 | 2 | |
| | 浓度计算正确 | 3 | |
| 结束工作 | 洗净仪器 | 3 | |
| | 配好的溶液保存于试剂瓶中，贴好标签，放到指定位置 | 3 | |
| 职业素质 | 穿实验服、文明操作 | 2 | |
| | 废液、废纸的处置合理 | 2 | |
| | 操作规范、注重细节 | 3 | |
| | 实验结束物品归位，台面整洁 | 2 | |

# 任务五　滴定管的操作

滴定管的使用

## 任务描述

滴定管的操作是分析检验人员必须熟练掌握的技能之一，同时，也为后面含量测定的学习奠定基础。 通过讲解和观看视频了解滴定管的使用方法，并在教师的指导下学会滴定管的操作，然后对照滴定管操作的考核标准完成简单的酸碱滴定练习，初步学会滴定终点的判断。

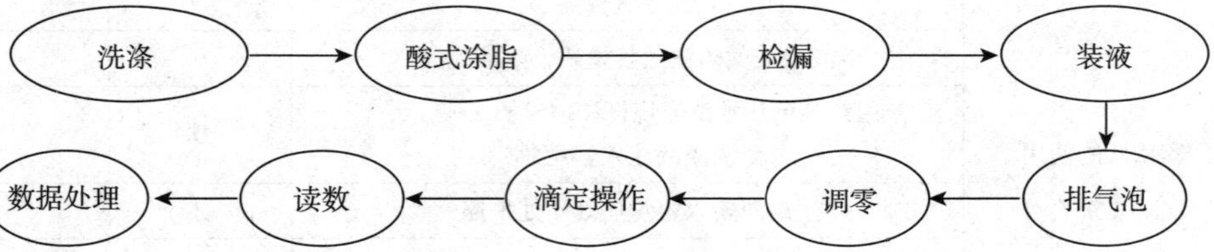


## 任务要求

（1）会试漏、排气泡、读数等操作。

（2）能规范熟练地进行滴定操作。

（3）会初步判断滴定终点。

（4）培养规范操作和精益求精的工匠精神。

## 相关知识

### 一、滴定管的种类

滴定管是进行滴定分析时准确量度溶液体积的量器。常用的滴定管容积为50mL和25mL，其最小刻度是0.1mL，在最小刻度之间可估计读出0.01mL。

滴定管可分为酸式和碱式两种。酸式滴定管下端有一玻璃旋塞，开启旋塞时，溶液即自管内滴出。酸式滴定管用来装酸性及氧化性溶液，但不宜装碱液，因玻璃塞易被碱性溶液腐蚀而粘住，以致无法转动。碱式滴定管下端用橡皮管连接一支玻璃管嘴，橡皮管内装一玻璃圆珠以代替活塞。用拇指和食指捏住玻璃圆珠处的橡皮管，可使之形成一窄缝而让溶液流出。碱式滴定管用来装碱性及无氧化性溶液，而不能装如碘、高锰酸钾、硝酸银溶液等能与橡皮管起作用的物质，橡皮管也不能用铬酸洗液浸洗。现在由于聚四氟乙烯活塞的使用，克服了普通酸式滴定管怕碱的缺点，使酸式滴定管可以酸碱通用，所以碱式滴定管的使用大为减少。

滴定管除无色的外，还有棕色的，用以装如高锰酸钾、硝酸银等见光易分解的溶液。

滴定管

### 二、滴定管的使用

#### （一）滴定管使用前的准备

新拿到一支滴定管，用前应先做一些初步检查，如酸式滴定管旋塞是否匹配，碱式滴定管的乳胶管孔径与玻璃珠大小是否合适，乳胶管是否有孔洞、裂纹或硬化，滴定管是否完好无损等。若不易操作或漏水，应予更换。初步检查合格后，进行下列准备工作。

**1. 洗涤**

当滴定管没有明显污染时，可直接用自来水冲洗或用细长的滴定管刷蘸洗涤剂刷洗，但不可用去污粉洗涤。当用洗涤剂洗不干净时，可用10~15mL铬酸洗液润洗。对酸式滴定管，先关闭活塞，倒入洗液后，一手拿住滴定管上端无刻度部分，另一手拿住活塞下端无刻度部分，边转动边向管口倾斜，使洗液布满全管，反复转动2~3次，然后打开活塞，将洗液放回原瓶中。对碱式滴定管，先取下乳胶管，倒夹于滴定台上并插入盛铬酸洗液的烧杯中，用洗耳球插在管口上反复吸取洗液进行洗涤，使用过的洗液回收到原盛洗液的试剂瓶中。

最后用自来水冲洗滴定管，随后用蒸馏水（每次5~10mL）润洗三次即可使用。

洗净的滴定管在水流去后内壁应均匀地润上一薄层水膜，若管壁内还挂有水珠，说明未洗干净，必须重洗。

### 2. 涂凡士林

酸式滴定管的旋塞必须涂脂，以防漏水和保证转动灵活。

涂脂时，如图 2-11（1）所示取下旋塞栓，用清洁的布或滤纸将洗净的旋塞栓和栓管擦干。在旋塞栓粗端和栓管细端均匀地涂上一层脂，最常用的是凡士林。然后将旋塞栓小心地插入栓管中（注意不要转着插，以免将脂弄到栓孔使滴定管堵塞），向同一方向转动旋塞，如图 2-11（2）所示，直到全部透明。凡士林不可涂得太多，否则容易使滴定管的细孔堵塞，涂得过少则润滑不够，甚至会漏水。涂得好的旋塞应当透明，无纹路，旋转灵活。

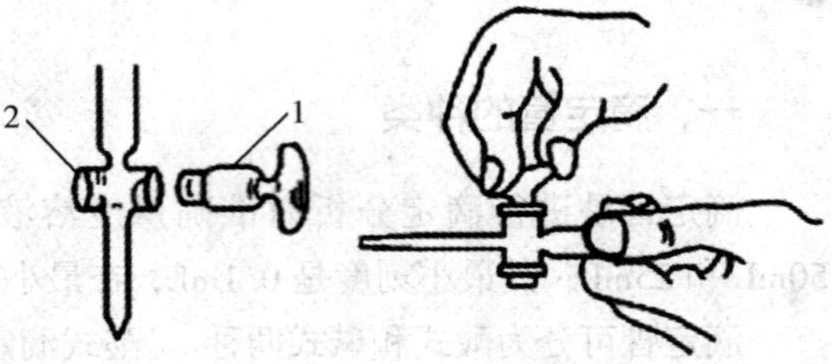


（1）旋塞栓　　（2）旋塞栓管

图 2-11　旋塞的涂脂

为了防止旋塞栓从栓管中脱出，可用橡皮圈把旋塞栓系牢，或从橡皮管上剪下一小圈橡皮，套住旋塞末端。

### 3. 检漏

检查是否漏水的方法是将滴定管用自来水充满至“0”刻度线附近，然后夹在滴定管架上，用吸水纸将滴定管外壁擦干，静置 2min，用滤纸在旋塞周围和管尖处检查有无水渗出。然后将旋塞旋转 180°，再检查一次。如果漏水，必须重涂凡士林。

对碱式滴定管应检查是否漏水。如果漏水可调整下端橡皮管内玻璃圆珠的位置。如仍漏水，则需更换橡皮管或玻璃圆珠，再经试漏、洗净方可使用。

### 4. 装液

加入标准溶液前，先用蒸馏水荡洗滴定管 3 次，每次约 10mL。荡洗时，关闭旋塞，两手平端滴定管慢慢转动，使水流遍全管内壁然后放出。再用待装溶液润洗 3 次，润洗方法与用蒸馏水荡洗时相同。

润洗完毕，关好旋塞，左手拿滴定管，略为倾斜，右手拿住瓶子或烧杯等容器向滴定管中注入标准溶液。不要注入太快，以免产生气泡，待至液面到“0”刻度以上。用布擦净外壁。装入标准溶液时，应直接倒入，不得借助其他容器，以免标准溶液浓度改变或造成污染。

### 5. 排气泡

滴定管的出口管如未充满溶液而存在气泡，则必须将之除去。

对酸式滴定管，用右手拿住滴定管上部无刻度处，并使之倾斜 30°，左手迅速打开旋塞使溶液急速冲出管口而除去气泡。

对碱式滴定管，可将橡皮管向上弯曲，用两指挤压稍高于玻璃珠所在处，使溶液从管口喷出，气泡亦随之而排去，见图 2-12。

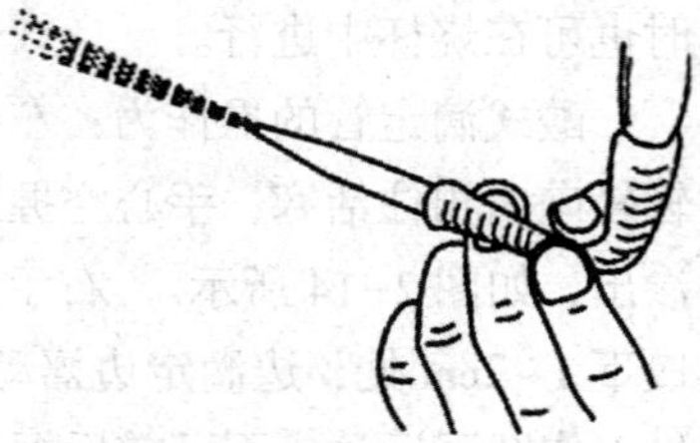

图 2-12 气泡的除去

排除气泡后，加入标准溶液至“0”刻度以上，等待 30s，再转动活塞，把液面调至 0.00 刻度处。

### 6. 滴定管的读数

用两个指头拿住滴定管上端无刻度处令其悬垂，或把滴定管垂直地夹在滴定管架上进行读数。对无色溶液，读取弯月面下缘最低点，对有色溶液，则读取液面最上缘。眼睛和刻度应在同一水平上，如图 2-13（1）所示，读数必须读到小数点后两位。为了帮助读数，可用带色纸条围在滴定管外弧形液面下约一格处，当眼睛恰好看到纸条前、后边缘相重合时，在此位置上可较准确地读出弯月面所对应的体积刻度，如图2-13（2）所示；也可采用黑白纸板作辅助，如图 2-13（3）所示，这样能更清晰地读出黑色弯月面所对应的滴定管读数。若滴定管带有白底蓝条，则调整眼睛和液面在同一水平面后，读取两尖端相交处的读数，如图 2-13（4）所示。

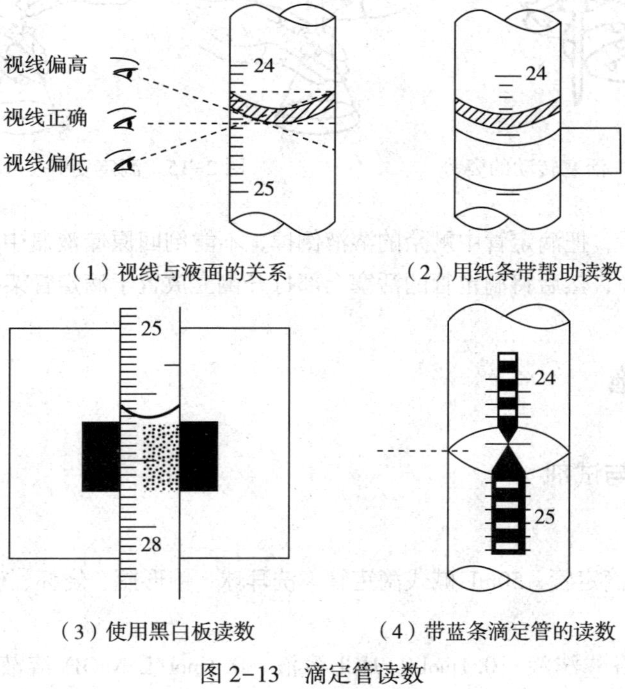


（1）视线与液面的关系 （2）用纸条带帮助读数

（3）使用黑白板读数 （4）带蓝条滴定管的读数

图 2-13 滴定管读数

滴定管刚装完溶液，或较快放出溶液时，应等待片刻，让附在管壁上的液体完全流下后再读数。

## （二）滴定操作

滴定时，应将滴定管垂直地夹在滴定管架上。滴定最好在锥形瓶中进行，必要时也可在烧杯中进行。

酸式滴定管的操作为：左手的拇指在管前，食指和中指在管后，手指略弯曲，轻轻向内扣住活塞，手心空握，以免活塞松动或可能顶出活塞使溶液从活塞隙缝中渗出，如图 2-14 所示。右手的拇指、食指和中指拿住锥形瓶，使滴定管尖伸入瓶口下 1~2cm 处，边滴定边摇动锥形瓶，如图 2-15 所示，瓶底应向同一方向（顺时针）作圆周运动，不可前后振荡，以免溅出溶液。滴定和摇动溶液要同时进行，不能脱节。滴定时转动活塞，控制溶液流出速度，要求做到：①能逐滴放出；②只放出一滴；③使溶液成悬而未滴的状态，即练习加半滴溶液的技术。

碱式滴定管的操作：左手的拇指在前，食指在后，捏住胶管中玻璃珠所在部位稍上处，捏挤胶管使其与玻璃珠之间形成一条缝隙，溶液即可流出。但注意不能捏挤玻璃珠下方的胶管，否则空气进入而形成气泡。

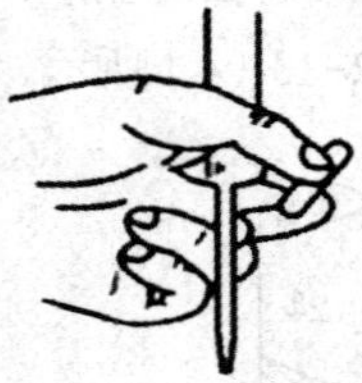

图 2-14　活塞转动的姿势

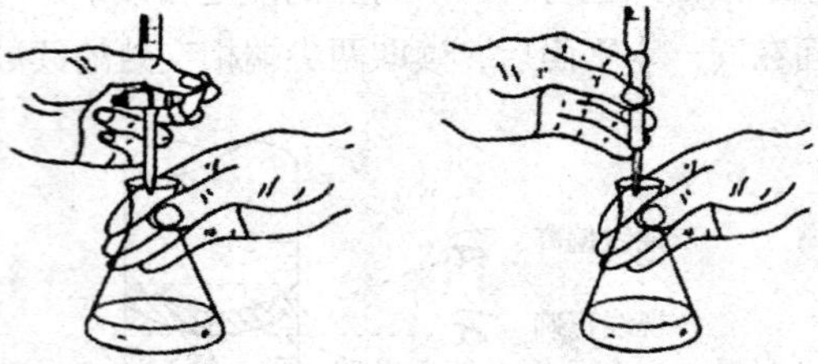

图 2-15　滴定姿势

滴定结束后，把滴定管中剩余的溶液倒掉，不能倒回原储液瓶中。依次用自来水和蒸馏水洗净，然后将滴定管的活塞全部打开倒立放置于滴定管架上。

## 任务实施

### 一、仪器与试剂

#### 1. 仪器

50mL 酸式滴定管、50mL 碱式滴定管、洗耳球、锥形瓶、烧杯、玻璃棒。

#### 2. 试剂

凡士林、铬酸洗液、0.1mol/L HCl 溶液、0.1mol/L NaOH 溶液、甲基橙指示剂、酚酞指示剂、滤纸。

### 二、操作步骤

#### 1. 滴定管的使用

练习滴定管的洗涤、检漏、涂凡士林，用自来水练习排气泡、读数及滴定速度控制，分别用锥形瓶和烧杯练习滴定过程中的两手配合操作。

### 2. 滴定终点练习

（1）从碱式滴定管准确放出 20.00mL NaOH 溶液至一洁净的锥形瓶，加入 1~2 滴甲基橙指示剂，摇匀，用准备好的 HCl 溶液滴定至溶液由黄色变为橙色为终点。平行滴定 3 次；

（2）从酸式滴定管准确放出 20.00mL HCl 溶液至一洁净的锥形瓶，加入 1~2 滴酚酞指示剂，摇匀，用准备好的 NaOH 溶液滴定至溶液由无变为浅红色为终点。平行滴定 3 次。

## 三、技术提示

（1）滴定时操作要正确，“左手滴，右手摇，眼睛要把颜色瞧”。

（2）开始滴定时，溶液的滴出速度可以稍快些，但也不能使溶液呈流水状放出，临近终点时，滴定速度要减慢，应 1 滴或半滴地加入。

（3）滴定开始前，滴定管尖嘴外悬挂液滴的处理：靠在锥形瓶外壁。

（4）滴定停止后，滴定管尖嘴外悬挂液滴的处理：靠在锥形瓶内壁。

（5）临近终点时，半滴溶液的加入：滴定管尖悬挂半滴溶液，靠在锥形瓶内壁，并以洗瓶在锥形瓶内部由上向下转动冲洗。

（6）滴定过程中要注意观察溶液颜色变化的规律。

（7）平行测定中所加指示剂量应一致，以减少系统误差。

（8）平行测定终点颜色应尽量一致，以减少系统误差。

## 四、数据记录

1. 以甲基橙为指示剂，用 HCl 溶液滴定 NaOH 溶液，结果见表 2-10。

表 2-10　　HCl 溶液滴定 NaOH 溶液

| 编号 | 1 | 2 | 3 |
|---|---|---|---|
| $V_{NaOH1}$/mL | | | |
| HCl 初读数/mL | | | |
| HCl 终读数/mL | | | |
| $V_{HCl}$/mL | | | |
| $V_{HCl}/V_{NaOH}$ | | | |
| $\overline{V_{HCl}/V_{NaOH}}$ | | | |
| 绝对偏差 | | | |
| 平均偏差 | | | |
| 相对平均偏差 | | | |

2. 以酚酞为指示剂，用 NaOH 溶液滴定 HCl 溶液，结果见表 2-11。

表 2-11　　　　　　NaOH 溶液滴定 HCl 溶液

| 编号 | 1 | 2 | 3 |
|---|---|---|---|
| $V_{HCl}$/mL | | | |
| NaOH 初读数/mL | | | |
| NaOH 终读数/mL | | | |
| $V_{NaOH}$/mL | | | |
| $V_{NaOH}/V_{HCl}$ | | | |
| $\overline{V_{NaOH}/V_{HCl}}$ | | | |
| 绝对偏差 | | | |
| 平均偏差 | | | |
| 相对平均偏差 | | | |

## 五、考核标准

考核标准见表 2-12。

表 2-12　　　　　　考核标准

| 考核项目 | 考核内容 | 分值 | 得分 |
|---|---|---|---|
| 滴定管洗涤 | 洗涤次序和润洗次数 | 2 | |
| | 待装溶液润洗 | 3 | |
| | 润洗滴定管时使用标准溶液不超过 10mL | 2 | |
| 滴定管检漏、涂油 | 放置 2min | 3 | |
| | 活塞旋转 180°后再检查一次 | 2 | |
| | 涂抹凡士林正确 | 3 | |
| 装液 | 直接装入，未借助其他容器 | 5 | |
| 排气泡、调零 | 检查是否有气泡 | 2 | |
| | 排气泡方法正确 | 3 | |
| | 调“0”刻度前静置 30s | 3 | |
| | 初始读数在“0”刻度附近 | 2 | |
| 滴定操作 | 滴定前管尖残液的处理 | 3 | |
| | 滴定操作规范，两手动作协调 | 5 | |
| | 滴定速度 | 3 | |
| | 未溅出溶液 | 2 | |
| | 近终点的半滴操作 | 5 | |
| | 终点判断 | 2 | |
| | 终点后滴定管尖无悬挂液、无气泡 | 3 | |

续表

| 考核项目 | 考核内容 | 分值 | 得分 |
|---|---|---|---|
| 读数 | 读数前静置 30s | 2 | |
| | 读数时滴定管垂直，视线水平 | 5 | |
| | 读数正确 | 5 | |
| 数据记录及处理 | 数据记录及时、真实、正确、整洁 | 5 | |
| | 有效数字正确 | 5 | |
| | 计算正确 | 5 | |
| | 精密度符合要求 | 5 | |
| 职业素质 | 穿实验服、文明操作 | 3 | |
| | 操作规范、注重细节 | 3 | |
| | 注重质量、规范、环保、节约 | 3 | |
| | 精准求精、追求卓越 | 3 | |
| | 实验结束物品归位，台面整洁 | 3 | |

# 项目三

# 滴定分析标准溶液的制备

## 任务一 盐酸标准溶液的制备

盐酸标准溶液的制备

### 任务描述

在滴定分析中是用标准溶液来滴定被测组分的，并以它的浓度和体积来计算被测组分的含量，标准溶液的制备是滴定分析中首先要解决的问题。 在完成相关知识学习的基础上，在教师的指导下配制和标定盐酸（HCl）溶液，标定时要注意终点的控制。

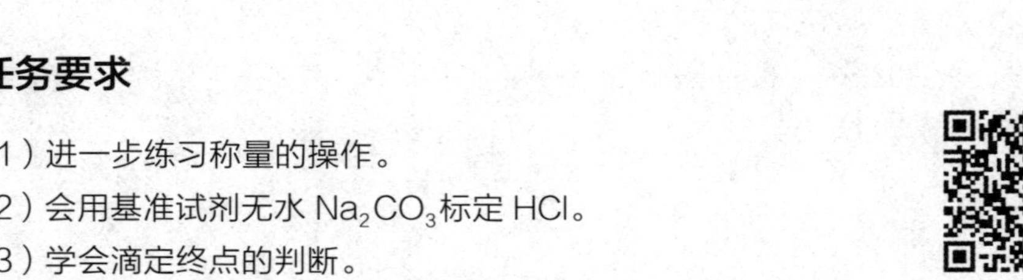


### 任务要求

（1）进一步练习称量的操作。

（2）会用基准试剂无水 $Na_2CO_3$ 标定 HCl。

（3）学会滴定终点的判断。

（4）树立安全、环保、规范和质量意识。

精益求精
追求卓越

### 相关知识

酸碱滴定中最常用的酸标准溶液是 HCl 溶液，浓度在 0.01～1mol/L，最常用浓度为 0.1mol/L。

## 一、HCl 溶液的配制

市售浓盐酸含量为37%~38%，物质的量浓度为12mol/L，由于浓盐酸具有挥发性，且含有杂质，不能用直接法配制标准溶液，只能采用间接法配制，即先配成近似浓度的溶液，再用基准物质标定其准确浓度。配制时，量取稍多于计算量的浓盐酸配成溶液。

## 二、HCl 溶液的标定

通常用无水 $Na_2CO_3$ 或硼砂等基准物质来标定 HCl 溶液。

### 1. 无水 $Na_2CO_3$

无水 $Na_2CO_3$ 容易制得纯品，价格便宜，但易吸收空气中的水分，使用前必须在270~300℃下加热干燥1h，以除去水和少量 $NaHCO_3$ 杂质，然后密封于称量瓶内，保存在干燥器中备用。称量时要求动作迅速，以免吸收空气中水分而带入测定误差。

用 $Na_2CO_3$ 标定 HCl 溶液的标定反应为：

$$Na_2CO_3 + 2HCl \longrightarrow 2NaCl + H_2CO_3$$
$$H_2CO_3 \longrightarrow H_2O + CO_2$$

化学计量点时 pH 约为3.9，可用甲基橙作指示剂，终点时溶液颜色由黄色变为橙色。

若欲标定的 HCl 溶液浓度约为0.1mol/L，欲使消耗的盐酸体积为20~30mL，根据滴定反应可算出称取 $Na_2CO_3$ 的质量应为0.11~0.16g。

### 2. 硼砂（$Na_2B_4O_7 \cdot 10H_2O$）

硼砂容易提纯，且不易吸水，由于其摩尔质量大（381.4g/mol），因此称量引入的相对误差较小。但硼砂在空气中相对湿度小于39%时易风化失去部分结晶水，因此应把它保存在相对湿度为60%的恒湿器中。实验室常采用在干燥器底部装入食盐和蔗糖饱和溶液的方法，使其上部相对湿度维持在60%。

用硼砂标定 HCl 溶液的标定反应为：

$$Na_2B_4O_7 + 2HCl + 5H_2O = 4H_3BO_3 + 2NaCl$$

化学计量点时 pH 约为5.3，滴定时可选用甲基红作指示剂，终点时溶液颜色由黄变红，变色较为明显。

若欲标定的 HCl 溶液浓度约为0.1mol/L，欲使消耗的 HCl 体积为20~30mL，根据滴定反应可算出称取硼砂的质量应为0.38~0.57g。显然，标定相同浓度的 HCl，称取硼砂的质量大于 $Na_2CO_3$ 的质量，因而称量的相对误差就小。

# 任务实施

## 一、仪器与试剂

### 1. 仪器

分析天平、称量瓶、酸式滴定管、3 个锥形瓶、烧杯、玻璃棒、试剂瓶、小量筒。

### 2. 试剂

浓盐酸、无水 $Na_2CO_3$（使用前于 180℃的烘箱中干燥至恒重）、0.1%甲基橙指示剂（取甲基橙 0.1g，加热水 100mL 使溶解）。

## 二、操作步骤

### 1. HCl 溶液的配制

用量筒量取浓盐酸溶液约 4.2mL 倒入 500mL 烧杯中，以蒸馏水稀释至 500mL，转入试剂瓶中，摇匀，贴好标签备用。

### 2. HCl 溶液的标定

在分析天平上准确称取 0.12～0.16g 基准物质无水 $Na_2CO_3$ 三份，分别置于 250mL 的锥形瓶中，标好编号，加入 30mL 左右的蒸馏水使其溶解。滴加 1～2 滴甲基橙指示剂，分别用 HCl 溶液滴定至由黄色变为橙色，即为终点。记录每次滴定时消耗的 HCl 溶液的体积（$V_{HCl}$）。

### 3. HCl 标准溶液浓度的计算

根据基准物质无水 $Na_2CO_3$ 的质量（$m_{Na_2CO_3}$），用下列公式计算 HCl 溶液的浓度。

$$c_{HCl} = \frac{2m_{Na_2CO_3}}{V_{HCl} \cdot M_{Na_2CO_3}}$$

## 三、技术提示

（1）浓盐酸有很强的挥发性，应于通风橱中操作，取用后应立即盖好。

（2）配制 HCl 溶液时，试剂瓶中应预先放适量水，以减少 HCl 挥发。

（3）干燥至恒重的无水 $Na_2CO_3$ 有吸湿性，因此采用差减法称取，并应迅速称量。

（4）已标定好的 HCl 溶液下次使用前应摇匀，一般每三个月复标一次。

## 四、数据记录

数据记录见表 3-1。

表 3-1　　用无水 $Na_2CO_3$ 标定 HCl 溶液

| | 1 | 2 | 3 |
|---|---|---|---|
| $Na_2CO_3$+称量瓶质量/g | | | |
| 倾倒后 $Na_2CO_3$+称量瓶质量/g | | | |
| $Na_2CO_3$ 质量/g | | | |
| HCl 溶液初读数/mL | | | |
| HCl 溶液终读数/mL | | | |
| $V_{HCl}$/mL | | | |
| $c_{HCl}$/(mol/L) | | | |
| $\overline{c_{HCl}}$/(mol/L) | | | |
| 相对偏差/% | | | |
| 相对平均偏差/% | | | |

## 五、考核标准

考核标准见表 3-2。

表 3-2　　考核标准

| 考核项目 | 考核内容 | 分值 | 得分 |
|---|---|---|---|
| HCl 溶液的配制 | 计算与量取浓盐酸体积 | 3 | |
| | 加水稀释 | 2 | |
| | 引流转移入试剂瓶 | 3 | |
| | 摇匀 | 2 | |
| 分析天平的使用 | 天平准备（水平、清扫、预热、调零） | 3 | |
| | 称量瓶放于盘中央 | 2 | |
| | 敲样正确 | 3 | |
| | 试样无洒落 | 2 | |
| | 敲样次数不超过 3 次 | 2 | |
| | 称量量符合要求 | 3 | |
| | 称量记录正确 | 3 | |
| | 操作规范熟练 | 2 | |
| | 加入蒸馏水溶解固体物质 | 2 | |

续表

| 考核项目 | 考核内容 | 分值 | 得分 |
|---|---|---|---|
| 滴定操作 | 滴定管的试漏、洗涤、润洗 | 3 | |
| | 装液、排气 | 5 | |
| | 调零 | 3 | |
| | 滴定前管尖残液处理 | 2 | |
| | 指示剂的使用 | 2 | |
| | 滴定操作 | 3 | |
| | 终点颜色判断 | 5 | |
| | 终点后滴定管尖无悬挂液、无气泡 | 2 | |
| | 滴定管读数前静置 30s | 3 | |
| | 读数时滴定管垂直，视线水平 | 2 | |
| | 读数正确 | 3 | |
| 数据记录及处理 | 数据记录及时、真实、正确、整洁 | 5 | |
| | 有效数字正确 | 3 | |
| | 公式正确 | 2 | |
| | 计算正确 | 5 | |
| | 精密度符合要求 | 5 | |
| 职业素质 | 穿实验服、文明操作、无仪器损坏 | 3 | |
| | 注重细节、精益求精 | 3 | |
| | 严谨客观、实事求是 | 3 | |
| | 注重质量、规范、安全、环保、节约 | 3 | |
| | 实验结束物品归位，台面整洁 | 3 | |

# 任务二 氢氧化钠标准溶液的制备

氢氧化钠标准溶液的制备

## 任务描述

氢氧化钠（NaOH）标准溶液是分析检验中一种常用的碱标准溶液。在完成相关知识学习的基础上，由教师指导配制和标定 NaOH 溶液，标定时要注意终点的控制。

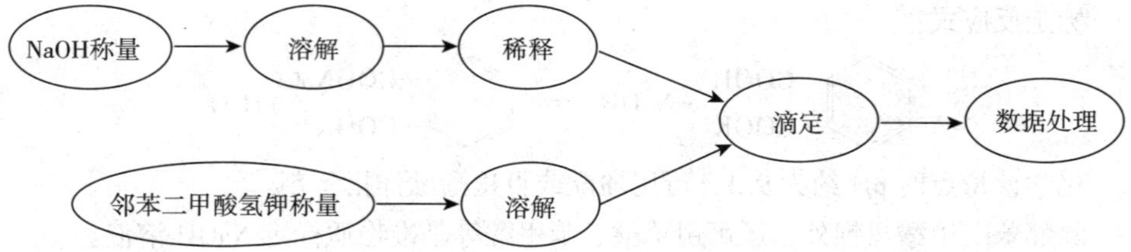


## 任务要求

（1）能用差减称量法称取基准物质邻苯二甲酸氢钾。
（2）能准确地标定出 NaOH 溶液的浓度。
（3）能正确使用酚酞指示剂判断滴定终点。
（4）树立规范、安全、节约和质量意识。
（5）培养精益求精的工匠精神。

## 相关知识

实验室常用的碱标准溶液是浓度为 0.1mol/L 的 NaOH 溶液。

### 一、NaOH 溶液的配制

NaOH 固体易吸潮，也易吸收空气中的水分和 $CO_2$，以致常含有 $Na_2CO_3$，因此 NaOH 标准溶液也不能用直接法配制，同样须先配制成接近所需浓度的溶液，然后再用基准物质标定其准确浓度。

含有 $Na_2CO_3$的标准碱溶液滴定弱酸时，如果用酚酞作指示剂，滴定至酚酞出现浅红色时，$Na_2CO_3$仅交换一个质子，作用到生成 $NaHCO_3$，于是就会引起一定的误差。因此应配制和使用不含$CO_3^{2-}$的标准碱溶液。

配制不含$CO_3^{2-}$的标准碱溶液最常用的方法是：取一份纯净的 NaOH，加入一份水，搅拌，使之溶解，配成 50%的浓溶液。在这种浓溶液中 $Na_2CO_3$的溶解度很小，待 $Na_2CO_3$沉降后，吸取上层澄清液，稀释至所需浓度。稀释用的水应预先除去其中的 $CO_2$，一般将蒸馏水煮沸数分钟，冷却后使用。

已配制好的 NaOH 溶液保存在塑料瓶中，需用橡胶塞塞紧瓶口，不可用玻璃塞。

### 二、NaOH 溶液的标定

标定 NaOH 溶液的基准物质可选取草酸（$H_2C_2O_4 \cdot 2H_2O$），苯甲酸等，但最常用的是邻苯二甲酸氢钾（$KHC_8H_4O_4$，缩写 KHP）。这种基准物质容易用重结晶法制得纯品，不含结晶水，不吸潮，容易保存，摩尔质量较大（204.2g/mol），由于称量而造成的误差也较小，所以它是标定碱标准溶液较好的基准物质。标定前，邻苯二甲酸氢钾应于 100～125℃下干燥后备用。

标定反应式：

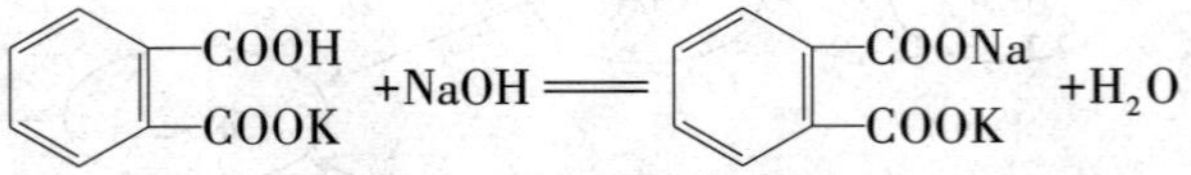

化学计量点时 pH 约为 9.1，可用酚酞或百里酚酞作指示剂。

除邻苯二甲酸氢钾外，还可用草酸、苯甲酸等基准物质标定 NaOH 溶液。

# 任务实施

## 一、仪器与试剂

### 1. 仪器

分析天平、台天平、称量瓶、碱式滴定管、3 个锥形瓶、烧杯、量筒、玻璃棒、500mL 试剂瓶。

### 2. 试剂

NaOH 固体、基准试剂邻苯二甲酸氢钾、酚酞指示剂（0.2%乙醇溶液）。

## 二、操作步骤

### 1. NaOH 溶液的配制

在台天平上称取 2g 固体 NaOH 于 500mL 烧杯中，加入 50mL 蒸馏水溶解，稀释至 500mL，并转移至 500mL 试剂瓶中，用橡皮塞塞好瓶口，贴好标签备用。

### 2. NaOH 溶液的标定

在分析天平上准确称取 0.4～0.5g 基准物质邻苯二甲酸氢钾三份，分别置于 250mL 的锥形瓶中，标好编号，加入 30mL 左右的蒸馏水使其溶解。滴加 1～2 滴 0.2%酚酞指示剂，分别用 NaOH 溶液滴定至微红色，即为终点。记录每次滴定时消耗的 NaOH 溶液的体积（$V_{NaOH}$）。

### 3. NaOH 标准溶液浓度的计算

根据基准物质邻苯二甲酸氢钾的质量（$m_{KHC_8H_4O_4}$），用下列公式计算 NaOH 溶液的浓度。

$$c_{NaOH}=\frac{m_{KHC_8H_4O_4}}{V_{NaOH}\cdot M_{KHC_8H_4O_4}}$$

## 三、技术提示

（1）称取 NaOH 固体时，应使用托盘天平或台天平，不可使用分析天平称量，并注意不要把 NaOH 洒在操作台上，如果洒落，应及时处理。

（2）NaOH 具有强腐蚀性，不要接触到皮肤、衣服等。

（3）加热有助于邻苯二甲酸氢钾的溶解，待完全溶解并冷却至室温后，再进行标定，否则误差很大。

## 四、数据记录

数据记录见表3-3。

表3-3　用邻苯二甲酸氢钾（$KHC_8H_4O_4$）标定NaOH溶液

| | 1 | 2 | 3 |
|---|---|---|---|
| $KHC_8H_4O_4$+称量瓶质量/g | | | |
| 倾倒后$KHC_8H_4O_4$+称量瓶质量/g | | | |
| $KHC_8H_4O_4$质量/g | | | |
| NaOH溶液初读数/mL | | | |
| NaOH溶液终读数/mL | | | |
| $V_{NaOH}$/mL | | | |
| $c_{NaOH}$/(mol/L) | | | |
| $\overline{c_{NaOH}}$/(mol/L) | | | |
| 相对偏差/% | | | |
| 相对平均偏差/% | | | |

## 五、考核标准

考核标准见表3-4。

表3-4　考核标准

| 考核项目 | 考核内容 | 分值 | 得分 |
|---|---|---|---|
| NaOH溶液的配制 | 计算与称量 | 3 | |
| | 试样溶解 | 2 | |
| | 稀释定容 | 3 | |
| | 摇匀 | 2 | |
| 分析天平的使用 | 天平准备（水平、清扫、预热、调零） | 3 | |
| | 称量瓶放于盘中央 | 2 | |
| | 敲样正确 | 3 | |
| | 试样无洒落 | 2 | |
| | 敲样次数不超过3次 | 2 | |
| | 称量量符合要求 | 3 | |
| | 称量记录正确 | 3 | |
| | 操作规范熟练 | 2 | |
| | 天平用后整理 | 5 | |
| | 加入蒸馏水溶解固体物质 | 2 | |

续表

| 考核项目 | 考核内容 | 分值 | 得分 |
| --- | --- | --- | --- |
| 滴定操作 | 滴定管的试漏、洗涤、润洗 | 3 | |
| | 装液、排气 | 5 | |
| | 调零 | 3 | |
| | 滴定前管尖残液处理 | 2 | |
| | 指示剂的使用 | 2 | |
| | 滴定操作 | 3 | |
| | 终点颜色判断 | 5 | |
| | 读数时滴定管垂直，视线水平 | 2 | |
| | 读数正确 | 3 | |
| 数据记录及处理 | 数据记录及时、真实、正确、整洁 | 5 | |
| | 有效数字正确 | 3 | |
| | 公式正确 | 2 | |
| | 计算正确 | 5 | |
| | 精密度符合要求 | 5 | |
| 职业素质 | 穿实验服、文明操作、无仪器损坏 | 3 | |
| | 注重细节、精益求精 | 3 | |
| | 严谨客观、实事求是 | 3 | |
| | 注重质量、规范、安全、环保、节约 | 3 | |
| | 实验结束物品归位，台面整洁 | 3 | |

## 任务三　高锰酸钾标准溶液的制备

高锰酸钾标准溶液的制备

### 任务描述

高锰酸钾法是以高锰酸钾（$KMnO_4$）为标准溶液进行滴定分析的氧化还原法。在完成相关知识学习的基础上，由教师指导配制和标定 $KMnO_4$ 溶液，标定时不需另加指示剂，注意“三度”（酸度、温度、速度）的控制。

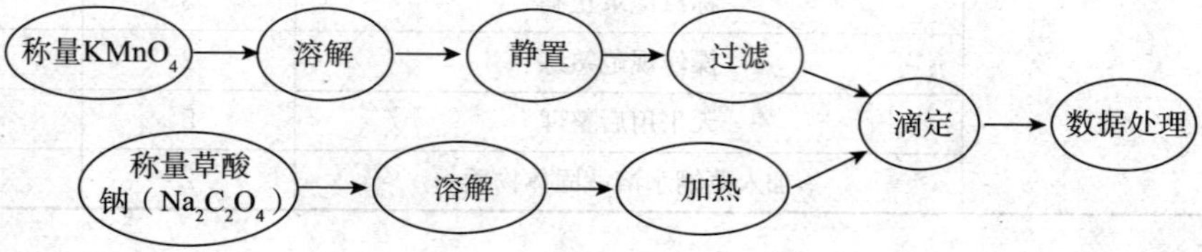

## 任务要求

(1) 能配制和标定 $KMnO_4$ 标准溶液。

(2) 能根据 $KMnO_4$ 自身的颜色判断滴定终点。

(3) 能控制标定 $KMnO_4$ 溶液的条件。

(4) 树立安全、环保、节约的职业意识。

(5) 具备严谨、求实、诚信的职业素养。

## 相关知识

$KMnO_4$ 是一种强氧化剂，其氧化能力及还原产物与介质酸度有关。

在强酸性溶液中，$MnO_4^-$ 还原为 $Mn^{2+}$：

$$MnO_4^- + 8H^+ + 5e \rightleftharpoons Mn^{2+} + 4H_2O \quad \varphi^\ominus = 1.51V$$

在中性或弱碱性溶液中，$MnO_4^-$ 还原为 $MnO_2$：$\varphi^\ominus = 0.595V$

$$MnO_4^- + 2H_2O + 3e \rightleftharpoons MnO_2 + 4OH^-$$

在 $OH^-$ 浓度大于 2mol/L 的碱溶液中，$MnO_4^-$ 与很多有机物反应，还原为 $MnO_4^{2-}$：

$$MnO_4^- + e \rightleftharpoons MnO_4^{2-} \quad \varphi^\ominus = 0.558V$$

高锰酸钾法在各种介质条件下均能应用，因其在酸性介质中有更强的氧化性，一般在强酸性条件下使用。但在碱性条件下氧化有机物的反应速率较快，故滴定有机物常在碱性介质中进行。

高锰酸钾法的优点是氧化能力强，可应用于直接、间接、返滴定等多种滴定分析，可对无机物、有机物进行滴定，应用很广，且无需另加指示剂，本身亦可作为指示剂。高锰酸钾法的缺点是其标准溶液的稳定性不够，由于氧化性太强而使滴定的选择性较低。

### 一、$KMnO_4$ 溶液的配制

市售高锰酸钾试剂常含有少量的 $MnO_2$ 及其他杂质，使用的蒸馏水中也含有少量如尘埃、有机物等还原性物质，这些物质都能使 $KMnO_4$ 还原，因此 $KMnO_4$ 标准溶液只能用间接法配制。配制时称取稍多于理论量的高锰酸钾溶于一定体积的蒸馏水中，加热至沸，保持微沸约 1h，使溶液中可能存在的还原性物质完全氧化，放置 2~3 天，用微孔玻璃漏斗或玻璃棉滤去二氧化锰沉淀，滤液储于棕色瓶中，暗处保存，最后再用基准物质标定。

### 二、$KMnO_4$ 溶液的标定

标定 $KMnO_4$ 溶液的基准物很多，如 $Na_2C_2O_4$、$(NH_4)_2Fe(SO_4)_2 \cdot 6H_2O$、$H_2C_2O_4 \cdot 2H_2O$ 和纯铁丝等。其中常用的是 $Na_2C_2O_4$，它易提纯且性质稳定，不含结晶水，在 105~

110℃烘至恒重，即可使用。 在 $H_2SO_4$介质中 $Na_2C_2O_4$与 $KMnO_4$的反应如下：

$$2MnO_4^- + 5C_2O_4^{2-} + 16H^+ \xlongequal{} 2Mn^{2+} + 10CO_2 + 8H_2O$$

为了使标定反应能定量地较快进行，标定时应注意以下滴定条件：

1. 温度

$Na_2C_2O_4$溶液加热至 70～85℃再进行滴定。 不能使温度超过 90℃，否则 $H_2C_2O_4$分解，导致标定结果偏高。

2. 酸度

溶液应保持足够大的酸度，一般控制酸度为 0.5～1mol/L。 如果酸度不足，易生成 $MnO_2$沉淀，酸度过高则又会使 $H_2C_2O_4$分解。

3. 滴定速度

$MnO_4^-$ 与 $C_2O_4^{2-}$ 的反应开始时速度很慢，当有 $Mn^{2+}$生成之后，反应速度逐渐加快。 因此，开始滴定时，应该等第一滴 $KMnO_4$溶液褪色后，再加第二滴。 此后，因反应生成的 $Mn^{2+}$有自动催化作用而加快了反应速度，随之可加快滴定速度，但不能过快，否则加入的 $KMnO_4$溶液会因来不及与 $C_2O_4^{2-}$ 反应，就在热的酸性溶液中分解，导致标定结果偏低。

4. 滴定终点

用 $KMnO_4$溶液滴定至溶液呈淡粉红色 30s 不褪色即为终点。 放置时间过长，空气中还原性物质能使 $KMnO_4$还原而褪色。

标定好的 $KMnO_4$溶液在放置一段时间后，若发现有沉淀析出，应重新过滤并标定。

## 任务实施

### 一、仪器与试剂

1. 仪器

分析天平、台天平、称量瓶、酸式滴定管、烧杯、微孔玻璃漏斗、3 个锥形瓶、水浴锅、试剂瓶。

2. 试剂

基准试剂 $Na_2C_2O_4$、固体 $KMnO_4$、3mol/L $H_2SO_4$溶液。

### 二、操作步骤

1. 0.02mol/L $KMnO_4$溶液的配制

称取 1.7g 的 $KMnO_4$固体，置于 500mL 烧杯中，加蒸馏水 520mL 使之溶解，盖上表面皿，加热至沸，并缓缓煮沸 15min，并随时加水补充至 500mL。 冷却后，在暗处放置数天（至少2~3天），然后用微孔玻璃漏斗或玻璃棉过滤除去$MnO_2$沉淀。滤液贮存在干燥棕色瓶中，摇匀。若溶液煮沸后在水浴上保持1h，冷却，经过滤可立即标定其浓度。

### 2. $KMnO_4$溶液的标定

准确称取在130℃烘干的$Na_2C_2O_4$ 0.15~0.20g，置于250mL锥形瓶中，加入蒸馏水40mL及3mol/L $H_2SO_4$ 10mL，加热至70~85℃（瓶口开始冒气，不可煮沸），立即用待标定的$KMnO_4$溶液滴定至溶液呈粉红色，并且在30s内不褪色，即为终点。标定过程中要注意滴定速度，必须待前一滴溶液褪色后再加第二滴，此外还应使溶液保持适当的温度。平行滴定3次。

### 3. $KMnO_4$标准溶液浓度的计算

根据称取的$Na_2C_2O_4$质量（$m_{Na_2C_2O_4}$）和耗用的$KMnO_4$溶液的体积（$V_{KMnO_4}$），用下式计算$KMnO_4$标准溶液的准确浓度。

$$c_{KMnO_4}=\frac{2m_{Na_2C_2O_4}}{5M_{Na_2C_2O_4}\cdot V_{KMnO_4}}$$

## 三、技术提示

（1）蒸馏水中常含有少量的还原性物质，使$KMnO_4$还原为$MnO_2\cdot nH_2O$。市售高锰酸钾内含的细粉状的$MnO_2\cdot nH_2O$能加速$KMnO_4$的分解，故通常将$KMnO_4$溶液煮沸一段时间，冷却后还需放置2~3天，使之充分作用，然后将沉淀物过滤除去。

（2）草酸钠溶液的酸度在开始滴定时，约为1mol/L；滴定终了时，约为0.5mol/L，这样能促使反应正常进行，并且防止$MnO_2$的生成。滴定过程如果出现棕色浑浊（$MnO_2$），应立即加入$H_2SO_4$补救，使棕色浑浊消失。

（3）开始滴定时，反应很慢，在第一滴$KMnO_4$还没有完全褪色以前，不可加入第二滴。当生成能使反应加速进行的$Mn^{2+}$后，可以适当加快滴定速度，但过快则局部$KMnO_4$过浓而分解，放出$O_2$或引起杂质的氧化，都可造成误差。

（4）$KMnO_4$标准溶液滴定时终点较不稳定，当溶液出现微红色，在30s内不褪色时，滴定就可认为已经完成，如对终点有疑问时，可先将滴定管读数记下，再加入1滴$KMnO_4$标准溶液，变成紫红色即证实终点已到。

（5）$KMnO_4$标准溶液应放在酸式滴定管中，由于$KMnO_4$溶液颜色很深，凹液面下弧线不易看出，因此，应该从液面最高边上读数。

（6）标定好的$KMnO_4$溶液在放置一段时间后，若发现有沉淀析出，应重新过滤并标定。

## 四、数据记录

数据记录见表3-5。

表 3-5　　用 $Na_2C_2O_4$ 标定 $KMnO_4$ 溶液

| | 1 | 2 | 3 |
|---|---|---|---|
| $Na_2C_2O_4$+称量瓶质量/g | | | |
| 倾倒后 $Na_2C_2O_4$+称量瓶质量/g | | | |
| $Na_2C_2O_4$质量/g | | | |
| $KMnO_4$溶液初读数/mL | | | |
| $KMnO_4$溶液终读数/mL | | | |
| $V_{KMnO_4}$/mL | | | |
| $c_{KMnO_4}$/(mol/L) | | | |
| $\overline{c_{KMnO_4}}$/(mol/L) | | | |
| 相对偏差/% | | | |
| 相对平均偏差/% | | | |

## 五、考核标准

考核标准见表 3-6。

表 3-6　　考核标准

| 考核项目 | 考核内容 | 分值 | 得分 |
|---|---|---|---|
| $KMnO_4$溶液的配制 | 计算与称量 | 3 | |
| | 试样加热溶解 | 2 | |
| | 溶液过滤 | 3 | |
| | 滤液贮存于棕色瓶中 | 2 | |
| $Na_2C_2O_4$的称量 | 天平准备（水平、清扫、预热、调零） | 3 | |
| | 称量瓶放于盘中央 | 2 | |
| | 敲样正确 | 3 | |
| | 试样无洒落 | 2 | |
| | 敲样次数不超过 3 次 | 2 | |
| | 称量量符合要求 | 3 | |
| | 称量记录正确 | 3 | |
| | 操作规范熟练 | 2 | |
| | 天平用后整理 | 5 | |
| | 加入蒸馏水溶解固体物质 | 2 | |

续表

| 考核项目 | 考核内容 | 分值 | 得分 |
| --- | --- | --- | --- |
| 滴定操作 | 滴定管的试漏、洗涤、润洗 | 3 | |
| | 装液、排气 | 5 | |
| | 调零 | 3 | |
| | 滴定前管尖残液处理 | 2 | |
| | 试液 pH 的调整 | 2 | |
| | 试液温度的控制 | 3 | |
| | 滴定操作 | 5 | |
| | 终点颜色判断 | 3 | |
| | 读数时滴定管垂直，视线水平 | 2 | |
| | 读数正确 | 2 | |
| 数据记录及处理 | 数据记录及时、真实、正确、整洁 | 3 | |
| | 有效数字正确 | 3 | |
| | 公式正确 | 2 | |
| | 计算正确 | 5 | |
| | 精密度符合要求 | 5 | |
| 职业素质 | 穿实验服、文明操作、无仪器损坏 | 3 | |
| | 注重细节、精益求精 | 3 | |
| | 严谨客观、实事求是 | 3 | |
| | 注重质量、规范、安全、环保、节约 | 3 | |
| | 实验结束物品归位，台面整洁 | 3 | |

# 任务四　硫代硫酸钠标准溶液的制备

## 任务描述

间接碘量法中需要配制和标定硫代硫酸钠（$Na_2S_2O_3$）标准溶液。$Na_2S_2O_3$溶液有“三怕”，即怕光、怕细菌、怕空气，所以要正确配制和保存$Na_2S_2O_3$溶液。在完成相关知识学习的基础上，由教师指导配制和标定$Na_2S_2O_3$溶液，标定时重铬酸钾（$K_2Cr_2O_7$）作基准物，以淀粉为指示剂，用间接碘量法标定。标定好的$Na_2S_2O_3$溶液可以用来测定葡萄糖、硫化物、碘含量等。

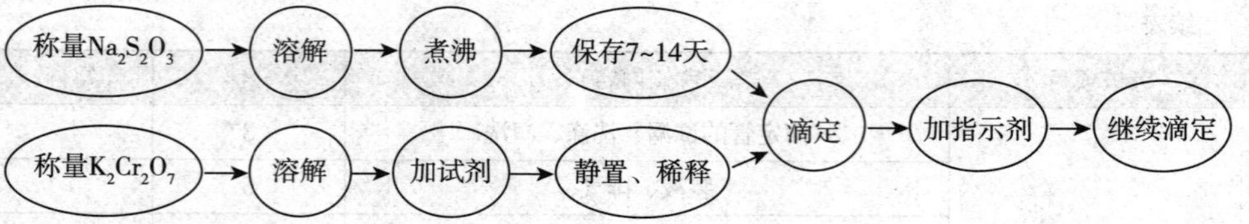


## 任务要求

（1）能正确配制、保存和标定 $Na_2S_2O_3$溶液。

（2）能正确使用淀粉指示剂。

（3）学会使用碘量瓶等仪器。

（4）养成科学探索精神和勤于动手习惯。

## 相关知识

间接碘量法是利用 $I^-$的还原性来测定氧化性物质。首先加入过量 $I^-$使其与被测物反应，按计量反应方程式定量析出 $I_2$，而后用 $Na_2S_2O_3$标准溶液滴定析出的 $I_2$，从而间接测出被测物的含量。由于是用 $Na_2S_2O_3$标准溶液滴定析出的 $I_2$，所以又称滴定碘法。滴定反应在中性或弱酸性介质中进行。

### 一、$Na_2S_2O_3$溶液的配制

$Na_2S_2O_3$不是基准试剂，不能直接配制成准确浓度的溶液，必须先配制成浓度相近的溶液而后标定。

$Na_2S_2O_3$溶液不稳定，与水中 $CO_2$和微生物作用会分解，因此配制 $Na_2S_2O_3$溶液须用新煮沸并冷却的蒸馏水，并加少量 $Na_2CO_3$以使溶液呈微碱性，达到除去 $CO_2$、杀死细菌、抑制细菌生长的作用。配好的溶液应贮于棕色瓶中避光保存，经 7~14 天后再标定。长期保存的 $Na_2S_2O_3$溶液应隔 1~2 个月标定一次，如出现浑浊应重配。

### 二、$Na_2S_2O_3$溶液的标定

$Na_2S_2O_3$溶液的标定可用基准试剂 $K_2Cr_2O_7$、$KIO_3$、$KBrO_3$及纯铜等，以 $K_2Cr_2O_7$最为常用。标定时采用置换碘法，使 $K_2Cr_2O_7$先与过量的 KI 作用，再用欲标定浓度的 $Na_2S_2O_3$溶液滴定析出的 $I_2$。第一步反应为：

$$Cr_2O_7^{2-}+14H^++6I^- = 3I_2+2Cr^{3+}+7H_2O$$

在酸度较低时此反应完成较慢，若酸度太强又有使 KI 被空气氧化成 $I_2$的危险。因此必须注意酸度的控制，并避光放置 5min，此反应才能定量完成。析出的 $I_2$再用 $Na_2S_2O_3$溶液滴定，以淀粉溶液为指示剂。第二步反应为：

$$2S_2O_3^{2-}+I_2 = S_4O_6^{2-}+2I^-$$

## 任务实施

### 一、仪器与试剂

#### 1. 仪器

分析天平、台天平、称量瓶、碱式滴定管、移液管、碘量瓶、量筒、烧杯、棕色试剂瓶。

#### 2. 试剂

$Na_2S_2O_3 \cdot 5H_2O$、基准试剂 $K_2Cr_2O_7$（140~150℃烘干至恒重）、6mol/L HCl 溶液、无水 $Na_2CO_3$固体、0.5%淀粉指示液（称取 0.5g 可溶性淀粉放入小烧杯中，加水 10mL，使成糊状，在搅拌下倒入 90mL 沸水中，微沸 2min，冷却后转移至 100mL 试剂瓶中）。

### 二、操作步骤

#### 1. 0.1mol/L $Na_2S_2O_3$溶液的配制

称取 6.2g $Na_2S_2O_3 \cdot 5H_2O$ 于 250mL 烧杯中，加入 100mL 新煮沸的冷蒸馏水，待完全溶解后，加入 0.05g 固体 $Na_2CO_3$，然后用新煮沸并冷却的蒸馏水稀释至 250mL，混合均匀倒入棕色细口试剂瓶中，在暗处放置 7~14 天后标定。

#### 2. 0.1mol/L $Na_2S_2O_3$溶液的标定

准确称取约 0.14g 预先干燥过的 $K_2Cr_2O_7$基准物质 3 份，分别置于 250mL 碘量瓶中，加入 25mL 蒸馏水使溶解，然后加入 2g KI 固体和 6mol/L HCl 溶液 5mL，摇匀，于暗处放置 5min。待反应完全后，加入 50mL 蒸馏水稀释，立即用待标定的 $Na_2S_2O_3$溶液滴定至呈浅黄色，加入 0.5%淀粉指示剂 2mL，继续用 $Na_2S_2O_3$溶液滴定至蓝色刚好消失而呈现绿色，即为终点。 按照同样的方法处理和滴定另外两份。

#### 3. $Na_2S_2O_3$标准溶液浓度的计算

根据称取的基准试剂 $K_2Cr_2O_7$ 的质量（$m_{K_2Cr_2O_7}$）和耗用的 $Na_2S_2O_3$溶液的体积（$V_{Na_2S_2O_3}$），用下式计算 $Na_2S_2O_3$标准溶液的准确浓度。

$$c_{Na_2S_2O_3} = \frac{6m_{K_2Cr_2O_7}}{M_{K_2Cr_2O_7} \cdot V_{Na_2S_2O_3}}$$

### 三、技术提示

（1）$K_2Cr_2O_7$与 KI 反应时，溶液的酸度愈大，反应速率愈快，但酸度太大时，$I^-$ 容易被空气中的 $O_2$所氧化，所以在开始滴定时酸度一般以 0.2~0.4mol/L 为宜。

（2）$K_2Cr_2O_7$与 KI 的反应速率较慢，应将碘量瓶或锥形瓶（盖好表面皿）中的溶液在暗处放置一定时间（5min），待反应完全后再以 $Na_2S_2O_3$溶液滴定。

（3）在以淀粉作指示剂时，应先以 $Na_2S_2O_3$ 溶液滴定至大部分 $I_2$ 已作用，溶液呈浅黄色，此时再加入淀粉溶液，用 $Na_2S_2O_3$ 溶液继续滴定至蓝色恰好消失，即为终点。淀粉指示剂若加入太早，则大量的 $I_2$ 与淀粉结合成蓝色物质，这一部分碘就不容易与 $Na_2S_2O_3$ 反应，产生误差。滴定至终点的溶液放置几分钟后，又会出现蓝色，这是由于空气中 $O_2$ 氧化 $I^-$ 生成 $I_2$ 引起的。通常只需约半分钟不复现蓝色即认为到达终点。

（4）每份暗处放置时间长短要一致。

（5）滴定开始轻摇快滴，加淀粉指示剂后要大力振摇慢滴。

## 四、数据记录

数据记录见表 3-7。

表 3-7 用 $K_2Cr_2O_7$ 标定 $Na_2S_2O_3$ 溶液

| | 1 | 2 | 3 |
|---|---|---|---|
| $K_2Cr_2O_7$+称量瓶质量/g | | | |
| 倾倒后 $K_2Cr_2O_7$+称量瓶质量/g | | | |
| $K_2Cr_2O_7$质量/g | | | |
| $Na_2S_2O_3$溶液初读数/mL | | | |
| $Na_2S_2O_3$溶液终读数/mL | | | |
| $V_{Na_2S_2O_3}$/mL | | | |
| $c_{Na_2S_2O_3}$/(mol/L) | | | |
| $\overline{c_{Na_2S_2O_3}}$/(mol/L) | | | |
| 相对偏差/% | | | |
| 相对平均偏差/% | | | |

## 五、考核标准

考核标准见表 3-8。

表 3-8 考核标准

| 考核项目 | 考核内容 | 分值 | 得分 |
|---|---|---|---|
| $Na_2S_2O_3$溶液的配制 | 计算与称量 | 3 | |
| | 用新煮沸的冷蒸馏水 | 2 | |
| | 加入无水碳酸钠 | 2 | |
| | 倒入棕色细口试剂瓶 | 2 | |
| | 在暗处放置 7~14 天后标定 | 2 | |

续表

| 考核项目 | 考核内容 | 分值 | 得分 |
|---|---|---|---|
| 分析天平的使用 | 天平准备（水平、清扫、预热、调零） | 3 | |
| | 称量瓶放于盘中央 | 2 | |
| | 敲样正确 | 2 | |
| | 试样无洒落 | 2 | |
| | 敲样次数不超过 3 次 | 2 | |
| | 称量量符合要求 | 2 | |
| | 称量记录正确 | 2 | |
| | 操作规范熟练 | 2 | |
| | 加入蒸馏水溶解固体物质 | 2 | |
| | 天平用后整理 | 2 | |
| 氧化还原反应 | $K_2Cr_2O_7$置于碘量瓶中 | 2 | |
| | 加入 2g KI 固体 | 2 | |
| | 溶液酸度的调整 | 2 | |
| | 于暗处放置 5min | 2 | |
| 滴定操作 | 滴定管的试漏、洗涤、润洗 | 5 | |
| | 装液、排气、调零 | 5 | |
| | 滴定操作 | 5 | |
| | 指示剂的加入时机及加入量 | 5 | |
| | 终点颜色判断 | 3 | |
| | 读数时滴定管垂直，视线水平 | 2 | |
| | 读数正确 | 2 | |
| 数据记录及处理 | 数据记录及时、真实、正确、整洁 | 3 | |
| | 有效数字正确 | 3 | |
| | 公式正确 | 2 | |
| | 计算正确 | 5 | |
| | 精密度符合要求 | 5 | |
| 职业素质 | 穿实验服、文明操作、无仪器损坏 | 3 | |
| | 注重细节、精益求精 | 3 | |
| | 严谨客观、实事求是 | 3 | |
| | 注重质量、规范、安全、环保、节约 | 3 | |
| | 实验结束物品归位，台面整洁 | 3 | |

# 任务五 乙二胺四乙酸标准溶液的制备

乙二胺四乙酸
标准溶液的制备

## 任务描述

乙二胺四乙酸（简称 EDTA）在滴定分析中是最常见的氨羧配位体，用于配位滴定。在完成相关知识学习的基础上，在教师的指导下配制和标定 EDTA 溶液，标定时用氨缓冲溶液控制 pH，注意金属指示剂的使用及终点变化。

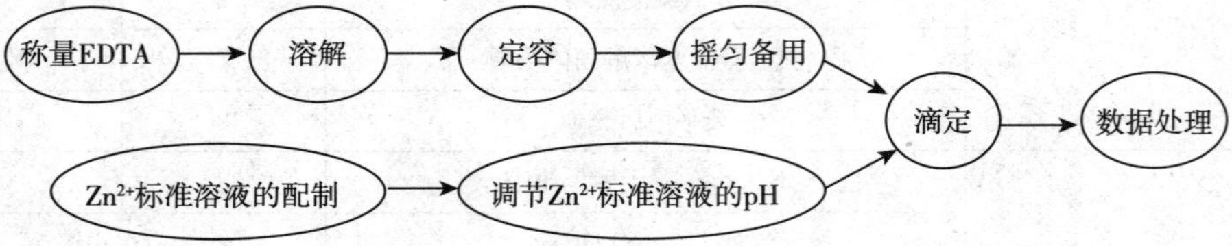


## 任务要求

（1）能正确配制 EDTA 溶液。

（2）能用氧化锌作为基准物质来标定 EDTA 溶液。

（3）能正确使用铬黑 T 等金属指示剂。

（4）养成客观认真、实事求是的科学精神。

（5）培养认真细致、相互协作的工作作风。

## 相关知识

### 一、EDTA 溶液的配制

EDTA 是乙二胺四乙酸（常用 $H_4Y$ 表示）的英文名缩写。它难溶于水，通常使用其二钠盐 $Na_2H_2Y \cdot 2H_2O$ 配制标准溶液，$Na_2H_2Y \cdot 2H_2O$ 是白色结晶或结晶性粉末，室温下其溶解度为 111g/L（约 0.3mol/L）。EDTA 标准溶液一般不用直接法配制，而是用分析纯的 $Na_2H_2Y \cdot 2H_2O$ 配制成近似浓度的溶液，然后标定。

在配位滴定中，常用的 EDTA 标准溶液的浓度为 0.02~0.1mol/L。称取表 3-9 规定量的 $Na_2H_2Y \cdot 2H_2O$，加热溶于 1000mL 水中，冷却，摇匀。

表 3-9 EDTA 溶液的配制

| 乙二胺四乙酸二钠标准滴定溶液的浓度 $c_{EDTA}$/（mol/L） | 乙二胺四乙酸二钠的质量 $m$/g |
|---|---|
| 0.1 | 40 |
| 0.05 | 20 |
| 0.02 | 8 |

## 二、EDTA 溶液的标定

用于标定 EDTA 标准溶液的基准试剂较多，例如 Zn、ZnO、$CaCO_3$、Bi、Cu、$MgSO_4 \cdot 7H_2O$、Ni、Pb 等。通常选用其中与被测组分相同的物质作基准物，这样滴定条件较一致。

用氧化锌作基准物质标定 EDTA 溶液浓度时，以铬黑 T 作指示剂，用 pH=10 的氨缓冲溶液控制滴定时的酸度，滴定到溶液由紫色转变为纯蓝色，即为终点。

# 任务实施

## 一、仪器与试剂

### 1. 仪器

分析天平、台天平、称量瓶、酸式滴定管、容量瓶、25mL 移液管、锥形瓶、烧杯、量筒、玻璃棒、表面皿、试剂瓶。

### 2. 试剂

乙二胺四乙酸二钠（$Na_2H_2Y \cdot 2H_2O$）、基准试剂 ZnO（900℃灼烧至恒重）、铬黑 T 指示剂（称取 1.0g 铬黑 T，与 100g NaCl 一起研细，混匀）、HCl（1+1）、pH10 的 $NH_3 \cdot H_2O-NH_4Cl$ 缓冲溶液（称取 5.4g 固体 $NH_4Cl$，加水 20mL，加浓氨水 35mL，溶解后用水稀释至 100mL）、10%氨水（量取 40mL 氨水，加水稀释至 100mL）。

## 二、操作步骤

### 1. 0.01mol/L EDTA 溶液的配制

称取乙二胺四乙酸二钠（$Na_2H_2Y \cdot 2H_2O$）2g，加入 200mL 蒸馏水，加热使之溶解，冷却后转入试剂瓶中，加水稀释至 500mL，充分摇匀待标定。

### 2. $Zn^{2+}$标准溶液的配制

准确称取约 0.2g 基准试剂 ZnO 于 250mL 烧杯中，盖上表面皿。从烧杯嘴中滴加 3mL HCl 溶液（1+1），放置至 ZnO 全部溶解后，定量转移到 250mL 容量瓶中，用水稀释至刻度，摇匀。

### 3. EDTA 溶液浓度的标定

准确吸取 25.00mL 锌标准溶液于 250mL 锥形瓶中，加入 70mL 水，用 40%氨水中和至 pH 为 7~8，再加 10mL$NH_3 \cdot H_2O-NH_4Cl$ 缓冲液（pH10），加入少许铬黑 T 指示剂，用配好的 EDTA 溶液滴定至溶液自紫红色变为纯蓝色，记下所消耗的 EDTA 溶液的体积。平行滴定 3 次。

### 4. EDTA 标准溶液浓度的计算

根据称取的 ZnO 质量（$m_{ZnO}$）和耗用的 EDTA 溶液的体积（$V_{EDTA}$），用下式计算 EDTA 标准溶液的准确浓度。

$$c_{EDTA}=\frac{m_{ZnO}\times\frac{25}{250}}{M_{ZnO}\cdot V_{EDTA}}$$

## 三、技术提示

（1）EDTA 标准溶液要用酸式滴定管盛装。

（2）配位反应的速度较慢，所以 EDTA 的滴定速度不能太快，保证其充分反应。靠近终点时应充分摇动，注意控制滴定终点，因为终点以后锥形瓶中溶液的颜色是基本不变的。

（3）指示剂用量对滴定终点判断影响很大，一定要很少量。

（4）滴定前加入指示剂后立即滴定。不要三份同时加入指示剂后再一份一份滴定，这样会因指示剂在水溶液中不稳定而造成颜色变化不正常。

（5）滴加氨水调整溶液酸度时要逐滴加入，同时还要边滴加边摇动锥形瓶，防止滴加过量，以刚出现浑浊为宜。

（6）已标定浓度的 EDTA 标准溶液下次使用时应摇匀。EDTA 标准溶液室温下可保存数月，一般每三个月复标一次。

## 四、数据记录

数据记录见表 3-10。

表 3-10 用 ZnO 标定 EDTA 溶液

| | 1 | 2 | 3 |
|---|---|---|---|
| ZnO+称量瓶质量/g | | | |
| 倾倒后 ZnO+称量瓶质量/g | | | |
| ZnO 质量/g | | | |
| 移取 $Zn^{2+}$ 标准溶液的体积/mL | 25.00 | 25.00 | 25.00 |
| EDTA 溶液初读数/mL | | | |
| EDTA 溶液终读数/mL | | | |
| $V_{EDTA}$/mL | | | |
| $c_{EDTA}$/(mol/L) | | | |
| $\overline{c_{EDTA}}$/(mol/L) | | | |
| 相对偏差/% | | | |
| 相对平均偏差/% | | | |

## 五、考核标准

考核标准见表3-11。

表3-11　考核标准

| 考核项目 | 考核内容 | 分值 | 得分 |
|---|---|---|---|
| EDTA溶液的配制 | 计算与称量 | 3 | |
| | 试样加热溶解 | 2 | |
| | 加水稀释，转移至试剂瓶 | 2 | |
| 分析天平的使用 | 天平准备（水平、清扫、预热、调零） | 3 | |
| | 称量瓶放于盘中央 | 2 | |
| | 敲样正确 | 3 | |
| | 试样无洒落 | 1 | |
| | 敲样次数不超过3次 | 1 | |
| | 称量量符合要求 | 2 | |
| | 称量记录正确 | 2 | |
| | 操作规范熟练 | 2 | |
| | 加入蒸馏水溶解固体物质 | 2 | |
| | 天平用后整理 | 2 | |
| $Zn^{2+}$标准溶液的配制 | ZnO溶解 | 5 | |
| | 溶液转移 | 2 | |
| | 加水定容 | 2 | |
| | 平视刻度线 | 2 | |
| | 摇匀 | 2 | |
| $Zn^{2+}$标准溶液的移取 | 移液管的洗涤与润洗 | 5 | |
| | 移液操作 | 5 | |
| 滴定操作 | 滴定管的试漏、洗涤、润洗 | 3 | |
| | 装液、排气 | 5 | |
| | 调零 | 2 | |
| | 滴定前管尖残液处理 | 2 | |
| | 试液pH的调整 | 5 | |
| | 滴定操作 | 3 | |
| | 终点颜色判断 | 3 | |
| | 读数时滴定管垂直，视线水平 | 1 | |
| | 读数正确 | 1 | |
| 数据记录及处理 | 数据记录及时、真实、正确、整洁 | 3 | |
| | 有效数字正确 | 2 | |
| | 公式正确 | 2 | |
| | 计算正确 | 3 | |
| | 精密度符合要求 | 3 | |

续表

| 考核项目 | 考核内容 | 分值 | 得分 |
|---|---|---|---|
| 职业素质 | 穿实验服、文明操作、无仪器损坏 | 2 | |
| | 注重细节、精益求精 | 3 | |
| | 严谨客观、实事求是 | 3 | |
| | 注重质量、规范、安全、环保、节约 | 2 | |
| | 实验结束物品归位，台面整洁 | 2 | |

# 任务六 硝酸银标准溶液的制备

硝酸银标准溶液的制备

## 任务描述

银量法是利用硝酸银（$AgNO_3$）溶液作沉淀剂与被测物质进行反应的方法。在完成相关知识学习的基础上，在教师的指导下配制 $AgNO_3$溶液，然后采用莫尔法，以氯化钠（NaCl）为基准物，铬酸钾（$K_2CrO_4$）作指示剂来标定 $AgNO_3$溶液。

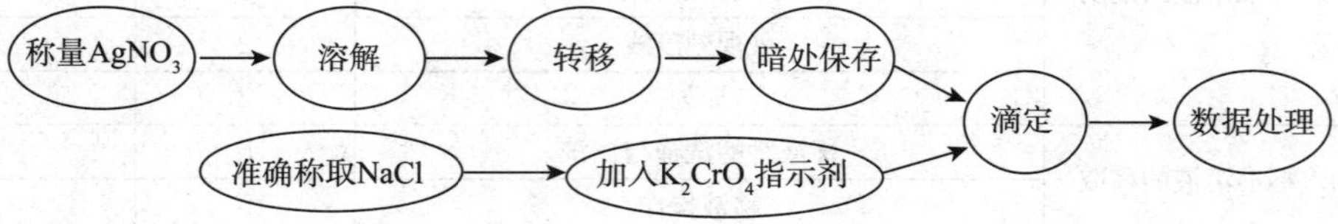


## 任务要求

（1）能正确配制和标定 $AgNO_3$溶液。

（2）学会使用 $K_2CrO_4$作指示剂判断滴定终点。

（3）培养求真务实、勇于创新的职业精神。

## 相关知识

### 一、$AgNO_3$溶液的配制

$AgNO_3$标准溶液可用基准物 $AgNO_3$直接配制。但对于一般市售的 $AgNO_3$，常因含有 Ag、$Ag_2O$、有机物和铵盐等杂质，故需用间接法配制。先配成近似浓度的溶液后用基准物质标定。

## 二、$AgNO_3$溶液的标定

标定 $AgNO_3$溶液一般采用莫尔法。以 NaCl 为基准物，在中性或弱碱性溶液中，以 $K_2CrO_4$作指示剂，用 $AgNO_3$溶液滴定 $Cl^-$。反应式为

$$Ag^+ + Cl^- \xlongequal{} AgCl\downarrow \text{（白色）} K_{sp}^{\ominus} = 1.8\times 10^{-10}$$

$$2Ag^+ + CrO_4^{2-} \xlongequal{} Ag_2CrO_4\downarrow \text{（砖红色）} K_{sp}^{\ominus} = 8.3\times 10^{-17}$$

达到化学计量点时，微过量的 $Ag^+$与 $CrO_4^{2-}$ 析出砖红色 $Ag_2CrO_4$沉淀，指示滴定终点。

# 任务实施

## 一、仪器与试剂

### 1. 仪器

分析天平、台天平、称量瓶、棕色酸式滴定管、25mL 移液管、锥形瓶、棕色试剂瓶。

### 2. 试剂

固体 $AgNO_3$、基准试剂 NaCl（于 500～600℃灼烧至恒重）、50g/L $K_2CrO_4$指示剂（称取 5g $K_2CrO_4$，溶解后稀释至 100mL）。

## 二、操作步骤

### 1. 0.1mol/L $AgNO_3$溶液的配制

称取 8.5g 固体 $AgNO_3$，溶于 500mL 不含 $Cl^-$的蒸馏水中，贮存于棕色试剂瓶中，摇匀，置于暗处，待标定。

### 2. 0.1mol/L $AgNO_3$溶液的标定

准确称取 0.12～0.15g 基准试剂 NaCl，放于锥形瓶中，加入 50mL 不含 $Cl^-$的蒸馏水溶解，加 1mL$K_2CrO_4$指示剂，在充分摇动下，用配好的 $AgNO_3$溶液滴定至溶液呈淡橙色即为终点，记录消耗的 $AgNO_3$溶液的体积。平行测定 3 次。

### 3. $AgNO_3$标准溶液浓度的计算

根据称取的 NaCl 质量（$m_{NaCl}$）和耗用的 $AgNO_3$溶液的体积($V_{AgNO_3}$)，用下式计算 $AgNO_3$标准溶液的准确浓度。

$$c_{AgNO_3} = \frac{m_{NaCl}}{M_{NaCl} \cdot V_{AgNO_3}}$$

## 三、技术提示

（1）$AgNO_3$试剂及其溶液具有腐蚀性，破坏皮肤组织，注意切勿接触皮肤及

衣服。

（2）为减少沉淀的吸附作用，滴定过程中必须剧烈振荡溶液。

（3）所用蒸馏水应不含 $Cl^-$，否则配制的 $AgNO_3$溶液出现白色浑浊，不能使用。

## 四、数据记录

数据记录见表 3-12。

表 3-12　　用 NaCl 标定 $AgNO_3$溶液

| | 1 | 2 | 3 |
|---|---|---|---|
| NaCl+称量瓶质量/g | | | |
| 倾倒后 NaCl+称量瓶质量/g | | | |
| NaCl 质量/g | | | |
| $AgNO_3$溶液初读数/mL | | | |
| $AgNO_3$溶液终读数/mL | | | |
| $V_{AgNO_3}$/mL | | | |
| $c_{AgNO_3}$/(mol/L) | | | |
| $\overline{c_{AgNO_3}}$/(mol/L) | | | |
| 相对偏差/% | | | |
| 相对平均偏差/% | | | |

## 五、考核标准

考核标准见表 3-13。

表 3-13　　考核标准

| 考核项目 | 考核内容 | 分值 | 得分 |
|---|---|---|---|
| $AgNO_3$溶液的配制 | 计算与称量 | 3 | |
| | 试样溶解 | 2 | |
| | 加水稀释，转移至棕色试剂瓶 | 3 | |
| 分析天平的使用 | 天平准备（水平、清扫、预热、调零） | 5 | |
| | 称量瓶放于盘中央 | 2 | |
| | 敲样正确 | 3 | |
| | 试样无洒落 | 2 | |
| | 敲样次数不超过 3 次 | 2 | |
| | 称量量符合要求 | 2 | |
| | 称量记录正确 | 2 | |
| | 操作规范熟练 | 2 | |
| | 加入蒸馏水溶解固体物质 | 2 | |
| | 天平用后整理 | 5 | |

续表

| 考核项目 | 考核内容 | 分值 | 得分 |
|---|---|---|---|
| 滴定操作 | 滴定管的试漏、洗涤、润洗 | 5 | |
| | 装液、排气、调零 | 5 | |
| | 滴定前管尖残液处理 | 2 | |
| | 指示剂的使用 | 3 | |
| | 滴定操作 | 3 | |
| | 终点颜色判断 | 3 | |
| | 读数时滴定管垂直，视线水平 | 2 | |
| | 读数正确 | 2 | |
| 数据记录及处理 | 数据记录及时、真实、正确、整洁 | 3 | |
| | 有效数字正确 | 2 | |
| | 公式正确 | 5 | |
| | 计算正确 | 5 | |
| | 精密度符合要求 | 5 | |
| 职业素质 | 穿实验服、文明操作、无仪器损坏 | 4 | |
| | 注重细节、精益求精 | 4 | |
| | 严谨客观、实事求是 | 4 | |
| | 注重质量、规范、环保、节约 | 4 | |
| | 实验结束物品归位，台面整洁 | 4 | |

# 项目四

# 重量分析基本操作

## 任务一 二水合氯化钡中结晶水的测定

### 任务描述

结晶水是水合结晶物质结构内部的水。加热到一定温度，可以失去。物质不同，失去结晶水的温度也不同，如二水合氯化钡（$BaCl_2 \cdot 2H_2O$）失去结晶水的温度在 120~125℃。在完成相关知识的学习的基础上，由教师指导对 $BaCl_2 \cdot 2H_2O$ 中的结晶水进行测定。

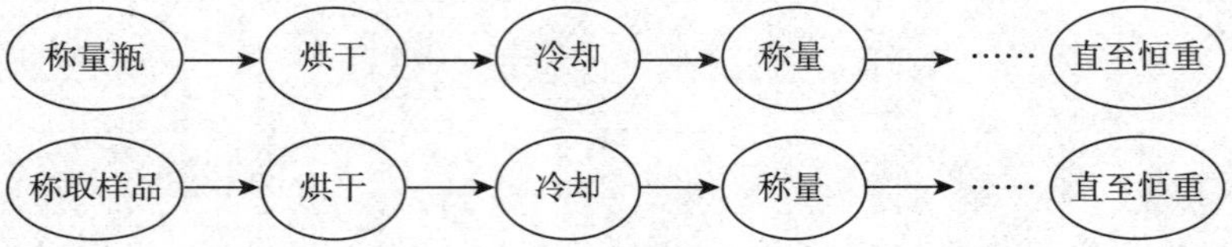


### 任务要求

（1）能用挥发法测定化合物中结晶水含量。

（2）能对样品进行恒重操作并判断样品是否恒重。

（3）养成精益求精、敢于质疑的职业态度。

### 相关知识

干燥失重法常用于固体试样中水分、结晶水或其他易挥发组分的含量测定。将试样放入电热干燥箱中进行常压加热，提高了试样内部水的蒸汽压，试样中的水分就向外扩散，达到干燥脱水的目的。

存在于物质中的水分一般有两种形式：一种是吸湿水，另一种是结晶水。吸湿水是物质从空气中吸收的水，其含量随空气中的湿度而改变，一般在不太高的温度下即能除掉。结晶水是水合物内部的水，它有固定的质量，可以在化学式中表示出来。例如，$Na_2CO_3 \cdot 10H_2O$，$CuSO_4 \cdot 5H_2O$，$BaCl_2 \cdot 2H_2O$ 等，均可测定其中结晶水的含量，例如 $BaCl_2 \cdot 2H_2O$ 中的结晶水，在 120~125℃时能完全挥发失去：

$$BaCl_2 \cdot 2H_2O \xrightarrow{120\sim125^\circ C} BaCl_2 + 2H_2O$$

而无水 $BaCl_2$ 在 800~900℃，甚至更高温度下，也不分解和挥发。称取一定质量的结晶氯化钡，在上述温度下加热到质量不再改变时为止，试样减轻的质量就等于结晶水的质量。

## 任务实施

### 一、仪器与试剂

#### 1. 仪器

电热恒温干燥箱、分析天平、称量瓶、干燥器。

烘箱

#### 2. 试剂

$BaCl_2 \cdot 2H_2O$ 试样。

### 二、操作步骤

#### 1. 称取试样

取两个洁净的称量瓶置于烘箱中于125℃下烘干。1.5~2h 后把称量瓶及盖子一起放在干燥器中（在热的情况下，称量瓶盖不要盖严，以免冷却后不易打开），冷却至室温，称量，重复以上操作直至恒重。

准确称取 1.4~1.5g $BaCl_2 \cdot 2H_2O$ 试样两份，分别放于已恒重的称量瓶中。

#### 2. 烘干结晶水

将盛有试样的称量瓶置于125℃的烘箱中，保持 2h 后，取出称量瓶转移至干燥器中，冷却至室温后把称量瓶盖盖好，准确称量。然后进行第二次烘干（烘 0.5h），直至恒重。

由烘干前后称量瓶和试样质量的差，即可计算出 $BaCl_2 \cdot 2H_2O$ 中结晶水的质量分数。

#### 3. $BaCl_2 \cdot 2H_2O$ 中结晶水含量的计算

用下式计算 $BaCl_2 \cdot 2H_2O$ 中结晶水质量分数（$w_{结晶水}$）。

$$w_{结晶水} = \frac{m_1 - m_2}{m_{试样}} \times 100\%$$

式中　$m_1$——烘干前试样与称量瓶的质量，g；

$m_2$——烘干后试样与称量瓶的质量，g；

$m_{试样}$——试样的质量，g。

## 三、技术提示

（1）温度不能高于125℃，因为$BaCl_2$可能有部分挥发；

（2）在加热的情况下，称量瓶盖子不要盖严，以免冷却后盖子不易打开；

（3）两次质量之差<0.2mg，即可认为达到恒重。

## 四、数据记录

数据记录见表4-1。

表4-1　$BaCl_2 \cdot 2H_2O$中结晶水的测定记录

| | 1 | 2 |
|---|---|---|
| $m_1$/g | | |
| $m_2$/g | | |
| $m_{试样}$/g | | |
| $w_{结晶水}$/% | | |
| $\overline{w_{结晶水}}$/% | | |

## 五、考核标准

考核标准见表4-2。

表4-2　考核标准

| 考核项目 | 考核内容 | 分值 | 得分 |
|---|---|---|---|
| 称量瓶的准备 | 清洗干净，不挂水珠 | 5 | |
| | 称量瓶恒重 | 5 | |
| 试样准备 | 试样准备合乎要求 | 5 | |
| | 称量方法正确 | 5 | |
| 称量操作 | 天平准备（水平、清扫、预热、调零） | 5 | |
| | 操作规范熟练 | 5 | |
| | 试样无洒落 | 5 | |
| | 天平使用后整理 | 5 | |
| 烘干操作 | 烘箱温度调整正确 | 2 | |
| | 干燥时间控制合理 | 5 | |
| | 干燥器使用正确 | 5 | |
| | 重复至恒重 | 10 | |

续表

| 考核项目 | 考核内容 | 分值 | 得分 |
|---|---|---|---|
| 数据记录及处理 | 数据记录及时、真实、正确、整洁 | 5 | |
| | 有效数字正确 | 5 | |
| | 公式正确 | 5 | |
| | 计算正确 | 5 | |
| 职业素质 | 穿实验服、文明操作、无仪器损坏 | 5 | |
| | 注重细节、精益求精 | 5 | |
| | 严谨客观、不断探索 | 5 | |
| | 实验结束物品归位，台面整洁 | 3 | |

# 任务二　二水合氯化钡中钡含量的测定

## 任务描述

沉淀重量分析法的基本操作包括：试样的称取及溶解，沉淀的生成，沉淀的过滤、洗涤、烘干、灼烧、称量及结果计算等步骤，操作繁琐、精细、费时。 重量分析基本操作的规范性是得到可靠分析结果的关键。 在完成相关知识学习的基础上，本次任务为采用沉淀法对 $BaCl_2 \cdot 2H_2O$ 中的钡含量进行测定，注意把握每个环节的操作要领。

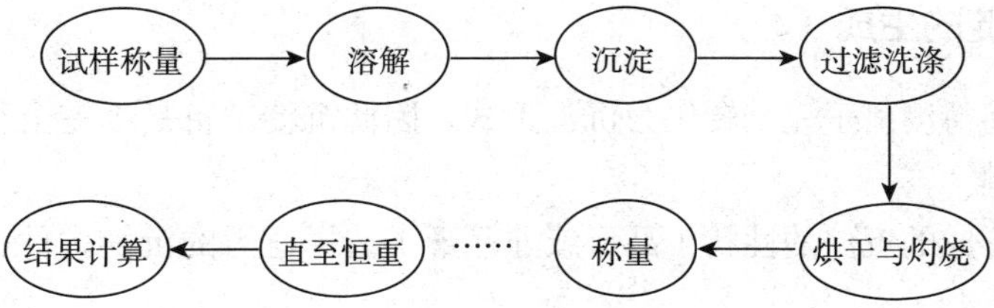


## 任务要求

（1）能进行沉淀的制备、过滤、洗涤、灼烧及恒重等操作。
（2）能用马弗炉对样品进行灼烧处理并能准确判断样品是否恒重。

（3）能用重量分析法测定 $BaCl_2 \cdot 2H_2O$ 中钡的含量。

（4）培养一丝不苟的职业态度和勇于创新的职业精神。

## 相关知识

重量分析法是根据待测元素或原子基团在特定条件下与其他物质相互作用而生成沉淀，将生成的沉淀经过陈化、烘干等过程处理后，称取其质量，从而根据反应关系计算得出待测元素含量的一种方法。

称取一定量的 $BaCl_2 \cdot 2H_2O$，用水溶解，加稀 HCl 溶液酸化，加热至沸腾，在不断搅动下，慢慢地加入稀、热的硫酸溶液，$Ba^{2+}$ 与 $SO_4^{2-}$ 反应，形成晶形沉淀。

$$Ba^{2+} + SO_4^{2-} \longrightarrow BaSO_4 \downarrow$$

获得的 $BaSO_4$ 沉淀经陈化、过滤、洗涤、烘干、炭化、灰化、灼烧后，以 $BaSO_4$ 形式称量，可求出 $BaCl_2 \cdot 2H_2O$ 中钡含量。

### 一、试样的称取

按要求对试样进行处理。取样量要适宜，过多会产生大量沉淀，使操作困难；过少则称量误差大。一般沉淀称量形式的适宜质量为：晶形沉淀 0.1～0.5g，非晶形沉淀 0.08～0.10g。

### 二、试样的溶解

根据试样的不同性质选择合适的溶剂将试样转化为溶液状态的过程，称为试样的溶解。最常用的溶剂是水，不溶于水的试样，可用酸、碱溶解或熔融的方法。若需加热促其溶解，注意温度不要太高，以防溶液溅失。

制备试液的容器（如烧杯），要求内壁光滑，没有划痕。使用的烧杯必须配备合适的玻璃棒和表面皿，玻璃棒的长度应高出烧杯 5～7cm，表面皿应大于烧杯口。

### 三、沉淀的生成

沉淀是将待测离子完全转化为沉淀形式，因此沉淀制备是否完全和纯净是重量分析法的关键。

根据所形成的沉淀的性状（晶形或非晶形）选择适当的沉淀条件，通常沉淀在热溶液中进行。

根据晶形沉淀的条件，操作时，应一手拿滴管，另一手握玻璃棒不断搅拌溶液，搅拌时玻璃棒不要碰烧杯内壁和烧杯底，速度不宜快，以免溶液溅出。加热时应在水浴锅或电热板上进行，不得使溶液沸腾，否则会引起飞溅或产生泡沫飞散造成被测物的损失。沉淀完后，应检查沉淀是否完全，方法是将沉淀溶液静置一段时间，让沉淀下沉，上层溶液澄清后，滴加一滴沉淀剂，观察交接面是否混浊，如混浊，表明沉淀未完全，还需加入沉淀剂。反之，如清亮则沉淀完全。此时，盖上表面皿，放置一段时间或在水浴上保温静置 1h 左右，让沉淀的小晶体生成大晶体，不完整的晶体转为完整的晶体。

非晶形沉淀时，宜用较浓的沉淀剂溶液，加入沉淀剂的速度和搅拌的速度均可快一些，以获得致密的沉淀，沉淀完全后，要用热蒸馏水稀释，不必放置陈化。沉淀沉降后，应立即趁热过滤和洗涤。

## 四、沉淀的过滤和洗涤

过滤和洗涤的目的在于将沉淀从母液中分离出来，使其与过量的沉淀剂及其他杂质组分分开，并通过洗涤将沉淀转化成纯净的单一组分。

根据沉淀的性质不同，过滤沉淀时，常采用定量滤纸（无灰滤纸）或玻璃砂芯滤器。

### 1. 滤纸的选择

滤纸分为定性滤纸和定量滤纸两大类，重量分析中使用的是定量滤纸。定量滤纸经灼烧后，灰分小于 0.0001g 者称无灰滤纸，其质量可忽略不计。若灰分质量大于 0.0002g，则需从沉淀物中扣除其质量，一般市售定量滤纸都已注明每张滤纸的灰分质量，可供参考。定量滤纸一般为圆形，按直径大小分为 11cm、9cm、7cm、4cm 等规格，按滤速可分为快、中、慢速三种。定量滤纸的选择应根据沉淀物的性质来定，滤纸大小的选择应注意沉淀物完全转入滤纸中后，沉淀物的高度一般不超过滤纸圆锥高度的 1/3 处。例如，晶形沉淀（$BaSO_4$、$CaC_2O_4$等）可选用直径 9~11cm、慢速的定量滤纸，而对于胶状沉淀（$Fe_2O_3 \cdot xH_2O$ 等），则应选用直径为 11~12.5cm、快速的定量滤纸。

### 2. 滤纸的折叠与安放

一般将滤纸对折，然后再对折成四分之一圆，放入清洁干燥的漏斗中，如滤纸边缘与漏斗不十分密合，可稍稍改变折叠角度，直至与漏斗完全密合为止。取出成圆锥体的滤纸，把三层厚的外层撕下一角，以便使滤纸紧贴漏斗壁（见图 4-1），撕下的纸角擦烧杯用。

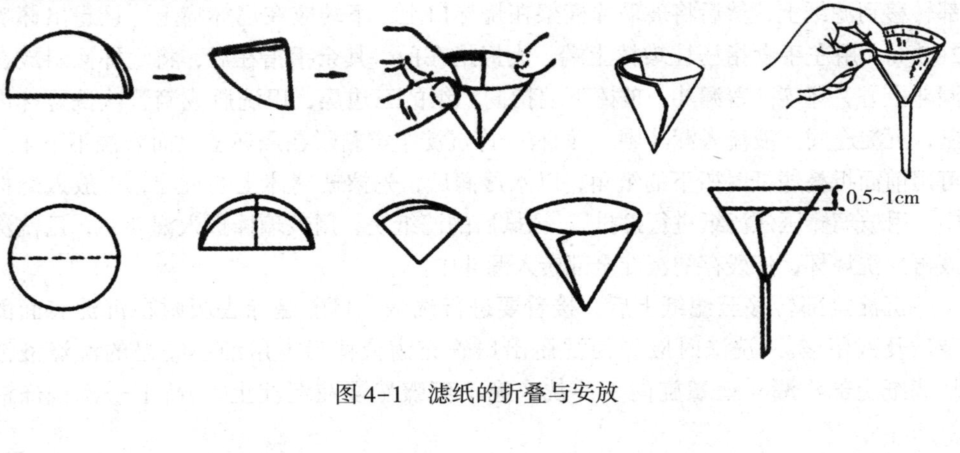


图 4-1　滤纸的折叠与安放

把折好的滤纸放入漏斗，三层的一边应对应漏斗出口短的一边。用食指按紧，用洗瓶吹入水流将滤纸湿润，轻按压滤纸边缘使锥体上部与漏斗密合，但下部留有缝隙，加水至滤纸边缘，此时漏斗颈内应全部被水充满，且无气泡，形成水柱，放在漏斗架上备用。

3. 沉淀的过滤、转移和洗涤

过滤一般分三步进行。第一步采用倾泻法，尽可能地过滤上层清液，如图 4-2 所示；第二步转移沉淀到漏斗上；第三步清洗烧杯和漏斗上的沉淀。此三步操作一定要一次完成，不能间断，尤其是过滤胶状沉淀时更应如此。

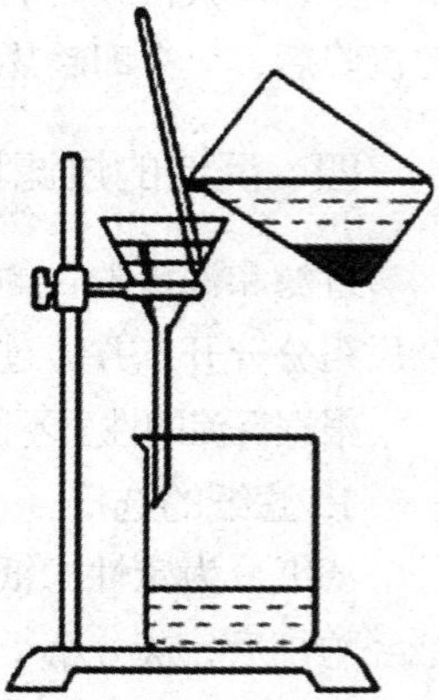

图 4-2　倾泻法过滤示意图

第一步采用倾泻法是为了避免沉淀过早堵塞滤纸上的空隙，影响过滤速度。沉淀剂加完后，静置一段时间，待沉淀下降后，将上层清液沿玻璃棒倾入漏斗中，玻璃棒下端对着滤纸的三层边，尽可能靠近滤纸但不接触。倾入的溶液量一般只充满滤纸的 2/3，离滤纸上边缘至少 5mm，否则少量沉淀因毛细管作用越过滤纸上缘，造成损失。

暂停倾泻溶液时，烧杯应沿玻璃棒使其向上提起，逐渐使烧杯直立，以免使烧杯嘴上的液滴流失。玻璃棒放回原烧杯时，勿将清液搅浑，也不要靠在烧杯嘴处，如此重复上述操作，直至上层清液倾完为止。开始过滤后，要检查滤液是否透明，如浑浊，应另换一个洁净烧杯，将滤液重新过滤。

用倾泻法将清液完全过滤后，应对沉淀作初步洗涤。洗涤时，沿烧杯壁旋转着加入约 10mL 洗涤液吹洗烧杯四周内壁，使黏附着的沉淀集中在烧杯底部，待沉淀下沉后，按前述方法，倾出过滤清液，如此重复 3~4 次，然后再加入少量洗涤液于烧杯中，搅动沉淀使之均匀，立即将沉淀和洗涤液一起，通过玻璃棒转移至漏斗上，再加入少量洗涤液于烧杯中，搅拌均匀，转移至漏斗上，重复几次，使大部分沉淀都转移到滤纸上，然后将玻璃棒横架在烧杯口上，下端应在烧杯嘴上，且超出杯嘴 2~3cm，用左手食指压住玻棒上端，大拇指在前，其余手指在后，将烧杯倾斜放在漏斗上方，杯嘴向着漏斗，玻棒下端指向滤纸的三边层，用洗瓶或滴管吹洗烧杯内壁，沉淀连同溶液流入漏斗中。如有少许沉淀牢牢黏附在烧杯壁上而吹洗不下来，可用前面折叠滤纸时撕下的纸角，以水湿润后，先擦玻璃棒上的沉淀，再放入烧杯中，用玻璃棒压住滤纸进行擦拭。擦拭后的滤纸块，用玻璃棒拔入漏斗中，用洗涤液再冲洗烧杯，将残存的沉淀全部转入漏斗中。

沉淀全部转移至滤纸上后，接着要进行洗涤，目的是除去吸附在沉淀表面的杂质及残留液。洗涤时应先使洗瓶出口管充满液体后，用细小缓慢的洗涤液流从滤纸上部沿漏斗壁螺旋向下冲洗，绝不可骤然浇在沉淀上。待上一次洗涤液流完后，再进行下一次洗涤。这样，可使沉淀洗得干净且可将沉淀集中到滤纸的底部。

洗涤沉淀时要少量多次，即每次螺旋形往下洗涤时，所用洗涤剂的量要少，以便于尽快沥干，沥干后再行洗涤。如此反复多次，直至沉淀洗净为止。这通常称为“少量多次”原则。

过滤和洗涤沉淀的操作，必须不间断地一次完成。若时间间隔过久，沉淀会干涸，粘成一团，就几乎无法洗涤干净了。无论是盛着沉淀还是盛着滤液的烧杯，都应该经常用表面皿盖好。每次过滤完液体后，立即将漏斗盖好，以防落入尘埃。

## 五、沉淀的烘干和灼烧

除去沉淀中吸留水分和洗涤液中挥发性物质，同时使沉淀组成达到恒定的过程，称为沉淀的烘干或灼烧。沉淀烘干和灼烧是获得沉淀称量形式的重要操作步骤。烘干一般是在250℃以下进行，凡是用微孔玻璃滤器过滤的沉淀，可用烘干方法处理。灼烧是指高于250℃以上温度进行的处理，它适用于用滤纸过滤的沉淀，灼烧是在预先已烧至恒重的瓷坩埚中进行的。

### 1. 坩埚的准备

将坩埚洗净、烘干，再用铁盐溶液在坩埚及盖上写明编号，以便识别。然后于高温炉中，在灼烧沉淀时的温度条件下预先灼烧空坩埚，灼烧时间15~30min。将灼烧后的坩埚放入干燥器中自然冷却，不要立即盖紧干燥器，应留缝隙，等热空气逸出后再盖严。冷却至室温后，即可称量。称量后再灼烧15~30min，冷却，称量，直至恒重。

### 2. 沉淀的包裹

将滤纸包转移至已恒重的坩埚中。包晶形沉淀可按照图4-3法卷成小包将沉淀包好后，用滤纸原来不接触沉淀的那部分将漏斗内壁轻轻擦一下，擦下可能粘在漏斗上部的沉淀微粒。把滤纸包的三层部分向上放入已恒重的坩埚中，这样可使滤纸较易灰化。

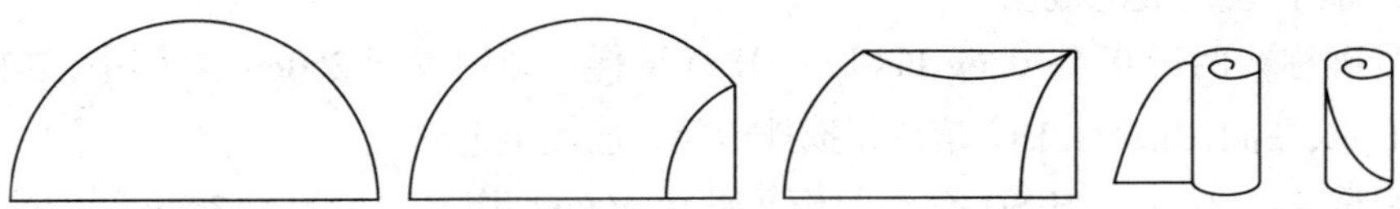

图4-3　晶形沉淀的包裹方法

对于胶状沉淀，因体积大，可用扁头玻棒将滤纸的三层部分挑起，向中间折叠，将沉淀全部盖住，再用玻璃棒轻轻转动滤纸包，以便擦净漏斗内壁可能粘有的沉淀，如图4-4所示。

3. 沉淀的烘干与灼烧

将装有沉淀的坩埚置于低温电炉上加热，坩埚盖半掩着倚于坩埚口，滤纸和沉淀烘干至滤纸全部炭化（滤纸变黑）。注意只能冒烟，不能冒火，以免沉淀颗粒随火飞散而损失。滤纸不再冒烟时，表明已炭化完全，逐渐提高温度，并用坩埚钳不断转动坩埚。待滤纸全部呈白色后，移至马弗炉中灼烧，在与灼热空坩埚相同的温度下，灼烧 40~45min，与空坩埚灼烧操作相同，取出，冷至室温，称重。然后进行第二次、第三次灼烧，直至坩埚和沉淀恒重为止。一般第二次以后只需灼烧 20min 即可。

图 4-4　胶状沉淀的包裹方法

## 任务实施

### 一、仪器与试剂

1. 仪器

马弗炉、电炉、干燥器、瓷坩埚、坩埚钳、分析天平、烧杯、表面皿、量筒、玻璃棒、长颈漏斗、漏斗架、滴管、定量滤纸。

2. 试剂

$BaCl_2 \cdot 2H_2O$ 试样、2mol/L HCl、1mol/L $H_2SO_4$、0.1mol/L $H_2SO_4$、2mol/L $HNO_3$、0.1mol/L $AgNO_3$。

### 二、操作步骤

1. 瓷坩埚的准备

将两只洁净的瓷坩埚放在（850±20℃）的马弗炉中灼烧至恒重。第一次灼烧 40min，第二次以后每次灼烧 20min。

2. 称样及沉淀的制备

准确称取两份 0.4~0.6g $BaCl_2 \cdot 2H_2O$ 试样，分别置于 250mL 烧杯中，加入约 100mL 水，3mL 2mol/L HCl 溶液，搅拌溶解，加热至近沸。

另取 4mL 1mol/L $H_2SO_4$溶液两份于两个 100mL 烧杯中，加水 30mL，加热至近沸，趁热将两份 $H_2SO_4$溶液分别用小滴管逐滴地加入到两份热的氯化钡溶液中，并用玻璃棒不断搅拌，直至两份 $H_2SO_4$溶液加完为止。待 $BaSO_4$沉淀下沉后，于上层清液中加入 1~2 滴 0.1mol/L $H_2SO_4$溶液，仔细观察沉淀是否完全。沉淀完全后，盖上表面皿（切勿将玻璃棒拿出烧杯外），放置过夜陈化。也可将沉淀放在水浴或砂浴上，保温 40min 陈化。

### 3. 沉淀的过滤和洗涤

用慢速或中速滤纸倾泻法过滤。用稀 $H_2SO_4$（用 1mL 1mol/L $H_2SO_4$加 100mL 水配成）洗涤沉淀 3~4 次，每次约 10mL。然后将沉淀定量转移到滤纸上，用折叠滤纸时撕下的小片滤纸擦拭杯壁，并将此小片滤纸放于漏斗中，再用稀 $H_2SO_4$洗涤 4~6 次，直至洗涤液中不含 $Cl^-$为止（检查方法：用试管收集 2mL 滤液，加 1 滴 2mol/L $HNO_3$酸化，加入 2 滴 $AgNO_3$，若无白色浑浊产生，表示 $Cl^-$已洗净）。

### 4. 沉淀的灼烧和恒重

将折叠好的沉淀滤纸包置于已恒重的瓷坩埚中，经烘干、炭化、灰化后，于（850±20）℃的马弗炉中灼烧至恒重。

### 5. $BaCl_2 \cdot 2H_2O$ 中钡的含量计算

试样中钡含量（$w_{Ba}$）为

$$w_{Ba}=\frac{(m_2-m_1)\times\dfrac{M_{Ba}}{M_{BaSO_4}}}{m_{试样}}\times 100\%$$

式中　$m_1$——空坩埚的质量，g；

$m_2$——坩埚和硫酸钡的质量，g；

$m_{试样}$——试样的质量，g。

## 三、技术提示

（1）恒重是指两次灼烧后，称得的质量差在 0.2~0.4mg，一般情况下，质量差值对不同沉淀形式应有不同的要求。坩埚和沉淀进行恒重操作时，每次应注意放置相同的冷却时间、相同的称重时间，尽可能保持各种操作的一致性。

（2）灼烧 $BaSO_4$沉淀的温度不能超过 900℃，否则 $BaSO_4$将与炭作用而被还原生成 BaS。

（3）洗净的坩埚放取或移动都应依靠坩埚钳，不得用手直接拿取。放置坩埚钳时，要将钳尖向上，以免玷污。

## 四、数据记录

数据记录见表 4-3。

表 4-3　　$BaCl_2 \cdot 2H_2O$ 中钡含量的测定记录

| | 1 | 2 |
|---|---|---|
| $m_{试样}$/g | | |
| $m_1$/g | | |
| $m_2$/g | | |
| $w_{Ba}$/% | | |
| $\overline{w_{Ba}}$/% | | |

## 五、考核标准

考核标准见表 4-4。

表 4-4 考核标准

| 考核项目 | 考核内容 | 分值 | 得分 |
|---|---|---|---|
| 瓷坩埚的准备 | 清洗干净 | 3 | |
| | 坩埚标记 | 2 | |
| | 灼烧至恒重 | 5 | |
| 称样 | 天平准备（水平、清扫、预热、调零） | 5 | |
| | 操作规范熟练 | 2 | |
| | 试样无洒落 | 3 | |
| | 天平使用后整理 | 5 | |
| 试样溶解 | 加热溶解 | 2 | |
| | 过滤沉淀 | 3 | |
| | 洗涤沉淀 | 3 | |
| | 收集洗涤液 | 2 | |
| 沉淀 | 调节试液酸度 | 2 | |
| | 加热搅拌生成沉淀 | 5 | |
| | 检验是否沉淀完全 | 3 | |
| | 保温陈化 | 2 | |
| 沉淀的处理 | 沉淀过滤 | 5 | |
| | 洗涤沉淀 | 5 | |
| | 检验洗涤液中有无 $Cl^-$ | 3 | |
| | 炭化 | 2 | |
| | 马弗炉中灰化 | 3 | |
| | 恒重称量沉淀 | 5 | |
| 数据记录及处理 | 数据记录及时、真实、正确、整洁 | 5 | |
| | 有效数字正确 | 2 | |
| | 公式正确 | 3 | |
| | 计算正确 | 5 | |
| 职业素质 | 穿实验服、文明操作、无仪器损坏 | 3 | |
| | 注重细节、精益求精 | 3 | |
| | 敢于质疑、不断探索 | 3 | |
| | 注重规范、环保、节约 | 3 | |
| | 实验结束物品归位，台面整洁 | 3 | |

# 项目五
# 有机实验基本操作

## 任务一 乙酰苯胺的重结晶

### 任务描述

重结晶是利用被提纯物质与杂质在某种溶剂中的溶解度不同，而将被提纯物质与杂质分离开来，以达到纯化的目的。通过讲解和观看视频了解重结晶提纯固体的原理、溶剂的选择及操作要领，最后在教师的指导下完成重结晶法提纯乙酰苯胺的任务。

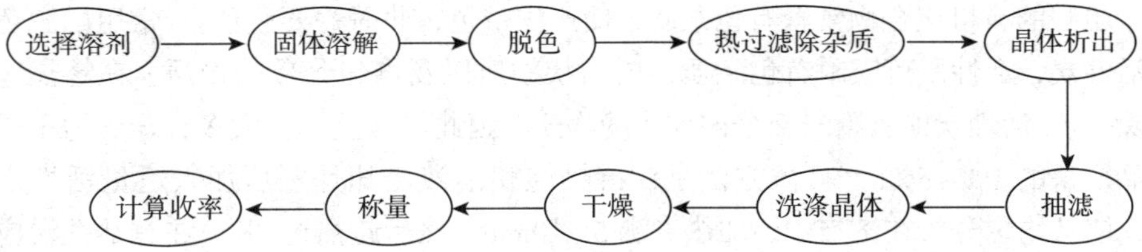


### 任务要求

（1）能进行脱色、热过滤、结晶、抽滤、干燥等操作。

（2）会用重结晶方法进行固体物质的提纯。

（3）具有观察问题、分析问题、解决问题和团队协作能力。

（4）养成实事求是、理论联系实际的工作作风。

### 相关知识

重结晶是利用溶剂对被提纯物质及杂质的溶解度不同，使被提纯物质从过饱和溶液中析出，而让杂质全部或大部分留在溶液中，从而达到提纯目的的方法。一般重结晶只适用于纯化杂质含量在5%以下的固体有机混合物。

重结晶操作一般包含如下几个环节：溶剂的选择→溶解及热饱和溶液的制备→脱色→热过滤→冷却结晶→抽滤及洗涤→结晶的干燥。

## 一、溶剂的选择

在进行重结晶时，选择理想的溶剂是一个关键。在选择溶剂时，必须考虑被溶解物质的成分和结构，相似的物质相溶。理想的溶剂必须符合下列条件：

（1）不与重结晶的物质发生化学反应。

（2）高温时重结晶物质在溶剂中的溶解度较大，而在低温时则很小。

（3）杂质的溶解度或是很大（待重结晶物质析出时，杂质仍留在母液内）或是很小（待重结晶物质溶解在溶剂里，借过滤除去杂质）。

（4）容易与重结晶物质分离除去。

此外，也需适当地考虑溶剂的毒性、易燃性、价格和溶剂回收等因素。

## 二、溶解及热饱和溶液的制备

将待提纯的样品放入容器中，加入适量溶剂，加热至沸腾，观察片刻，若固体未溶解，可补加溶剂，每次加溶剂后需再加热使溶液沸腾，直至被提取物晶体完全溶解。要注意判断是否有不溶性杂质存在，以免误加过多的溶剂。

## 三、脱色

粗制的有机化合物常含有色杂质，使产物带色，此时需要脱色。常用的脱色剂是活性炭，活性炭可吸附有色杂质、树脂状物质以及均匀分散的物质，在趁热过滤时除去。活性炭能吸附一部分被纯化的物质，因此加入量不宜太多，一般为干燥粗产品质量的1%~5%。具体方法是：待热饱和溶液冷却片刻后加入适量活性炭摇动，使其均匀分布在溶液中，加热煮沸5~10min，然后趁热过滤。注意活性炭应采用粉状的，且不得在沸腾或近沸溶液中加入，否则会引起暴沸。

## 四、热过滤

当热饱和溶液中含有不溶性杂质或经过活性炭脱色时，要趁热过滤以除去上述杂质和活性炭。热过滤可用热浴漏斗或减压抽滤装置完成。

### 1. 用热浴漏斗过滤

将烘热的短颈玻璃漏斗置于预热好的铜质热浴漏斗中，如图5-1所示，再放入扇形折叠滤纸（见图5-2），折叠滤纸向外突出的棱边，应紧贴于漏斗壁上。在过滤即将开始前，先用少量热的溶剂湿润，以免干滤纸吸收溶液中的溶剂，使结晶析出而堵塞滤纸孔。过滤时，漏斗上应盖上表面皿（凹面向下），减少溶剂的挥发。盛滤液的容器一般用锥形瓶，只有水溶液才可收集在烧杯中。

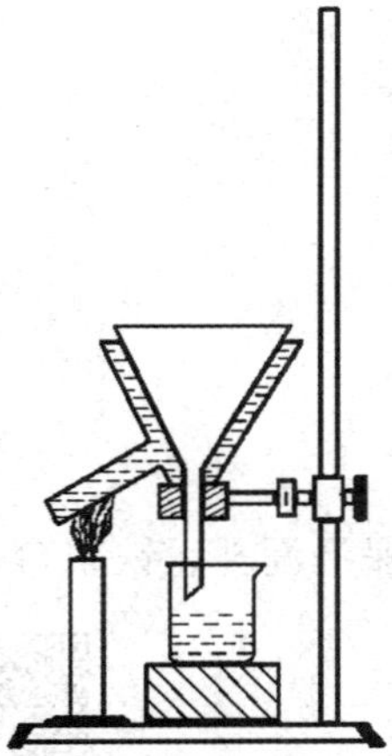

图 5-1　热浴漏斗过滤

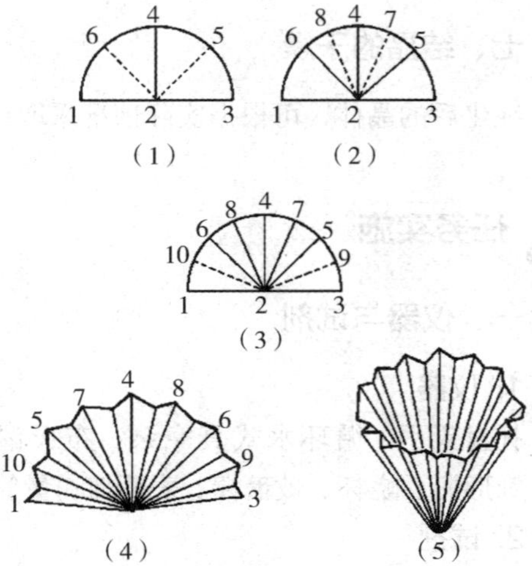


图 5-2　折叠滤纸的折叠顺序

2. 减压过滤

减压过滤通常使用瓷质的布氏漏斗，漏斗配以橡皮塞，装在玻璃的吸滤瓶上，注意漏斗下端斜口的位置，吸滤瓶的支管则用橡皮管与抽气装置连接。若用水泵，吸滤瓶与水泵之间宜连接一个缓冲瓶（配有二通旋塞的吸滤瓶，调节旋塞，可以防止水的倒吸），如图 5-3 所示。使用移动式或手提式的水环真空泵最为方便。

过滤时，应先用溶剂把平铺在漏斗上的滤纸润湿，然后开动泵，使滤纸紧贴在漏斗上。小心地把要过滤的混合物倒入漏斗中，为了加快过滤速度，可先倒入清液，后使固体均匀地分布在整个滤纸面上，一直抽气到几乎没有液体滤出时为止。

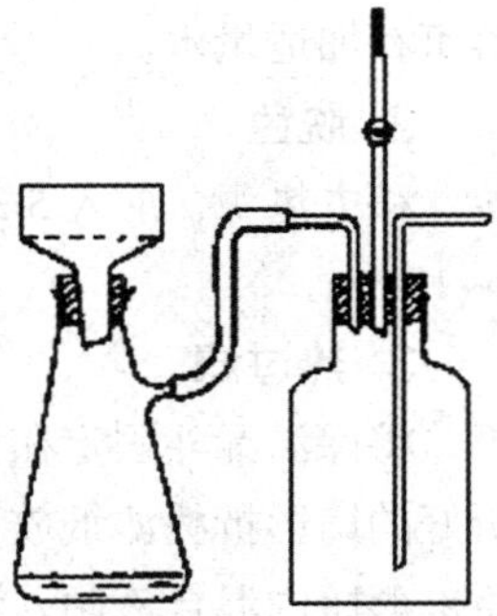

图 5-3　减压过滤装置

## 五、冷却结晶

若希望得到均匀而较大的晶体，可将收集的滤液在室温或保温下静置使之缓缓冷却结晶，不要急冷滤液，因为这样形成的结晶会很细、表面积大、吸附的杂质多。有时晶体不易析出，则可用玻棒摩擦器壁或加入少量该溶质的结晶，不得已也可放置冰箱中促使晶体较快地析出。

## 六、抽滤及洗涤

把结晶通过抽滤从母液中分离出来。滤纸的直径应小于布氏漏斗内径，抽滤后打开安全瓶活塞停止抽滤，以免倒吸。用少量溶剂润湿晶体，继续抽滤，干燥。

### 七、结晶的干燥

纯化后的晶体，可根据实际情况采取自然晾干或烘箱烘干。

## 任务实施

### 一、仪器与试剂

#### 1. 仪器

托盘天平、循环水式真空泵、布氏漏斗、抽滤瓶、保温漏斗、铁架台、酒精灯、锥形瓶、烧杯、玻璃棒、表面皿、量筒、滤纸。

#### 2. 试剂

乙酰苯胺粗品、活性炭、沸石、蒸馏水、冰块。

抽滤瓶

### 二、操作步骤

#### 1. 固体的溶解

用托盘天平称取 2g 乙酰苯胺粗品，放入 250mL 锥形瓶中，加入 50mL 蒸馏水和 1~2 粒沸石。在石棉网上加热至沸，并不断搅拌使乙酰苯胺完全溶解。如不能全溶可补加适量水。

#### 2. 脱色

移去热源，加入 5mL 冷水使温度降低后，再加入 0.1g 活性炭并搅拌，继续煮沸 5~10min。

#### 3. 热过滤

将保温漏斗固定在铁架台上，夹套中充注热水，并在侧管处用酒精灯加热。将折好的扇形折叠滤纸放入漏斗中，用少量水润湿。当夹套中的水接近沸腾时，迅速将锥形瓶内混合液倾入漏斗中趁热过滤，滤液用干净的烧杯接收。待所有溶液过滤完毕后，再用少量热水（1~2mL）洗涤锥形瓶和滤纸，收集的滤液合并在一起。

#### 4. 结晶

所得滤液在室温放置，冷却 10min 后，再在冰水浴中冷却 15min，以使结晶完全。

#### 5. 抽滤

待结晶析出完全后，进行抽滤，直至抽干，然后倒入预先准备好的表面皿上。

#### 6. 干燥

将表面皿上的乙酰苯胺晶体摊开，自然晾干后称量，计算收率。

### 三、技术提示

（1）用水重结晶乙酰苯胺时，往往会出现油珠。这是因为当温度高于 83℃

时，未溶于水但已熔化的乙酰苯胺会形成另一液相所致，这时只要加入少量水或继续加热，此种现象即可消失。

（2）用预热好的热滤漏斗，漏斗夹套中充水约为其容积的2/3。

（3）停止抽滤时，要首先打开安全瓶活塞，然后才能关闭水泵。

## 四、数据记录

数据记录见表5-1。

表5-1　数据记录

| 乙酰苯胺粗品质量/g | 表面皿质量/g | 表面皿+产品质量/g | 产品质量/g | 收率/% |
|---|---|---|---|---|
| | | | | |

## 五、考核标准

考核标准见表5-2。

表5-2　考核标准

| 考核项目 | 考核内容 | 分值 | 得分 |
|---|---|---|---|
| 试样称量 | 天平零点调节 | 3 | |
| | 加减砝码正确 | 3 | |
| | 转移样品无洒落 | 3 | |
| 试样溶解 | 加入溶剂量合适 | 5 | |
| | 溶解完全 | 5 | |
| 热过滤 | 冷却后加活性炭 | 5 | |
| | 滤纸折叠正确 | 5 | |
| | 折叠滤纸用蒸馏水润湿 | 5 | |
| | 形成水柱 | 5 | |
| 抽滤<br>沉淀的处理 | 抽滤装置安装正确 | 3 | |
| | 漏斗下端斜口正对抽滤瓶的侧管 | 2 | |
| | 滤纸大小合适 | 2 | |
| | 滤纸湿润 | 3 | |
| | 倾泻法加样 | 5 | |
| | 转移时无洒落 | 3 | |
| | 液位低于2/3容积 | 3 | |
| | 洗涤晶体 | 5 | |
| | 停泵时先打开安全瓶活塞 | 5 | |

续表

| 考核项目 | 考核内容 | 分值 | 得分 |
|---|---|---|---|
| 数据记录及处理 | 数据记录及时、真实、正确、整洁 | 5 | |
| | 计算正确 | 5 | |
| 职业素质 | 穿实验服、文明操作、无仪器损坏 | 4 | |
| | 分析问题、解决问题能力 | 4 | |
| | 系统思维、团队协作能力 | 4 | |
| | 注重安全、环保、节约 | 4 | |
| | 实验结束物品归位，台面整洁 | 4 | |

# 任务二　乙醇的蒸馏

## 任务描述

乙醇俗称酒精，沸点为 78.3℃，能按任何比例与水混合。利用乙醇与水可形成恒沸物的性质收集 77~79℃的馏分，即可得到较高纯度的 95%的乙醇溶液。通过讲解和观看视频了解蒸馏的原理及操作要领，最后在教师的指导下完成常压蒸馏提纯酒精的任务。

安装蒸馏装置 → 加料 → 加热 → 收集馏分 → 拆卸装置

## 任务要求

（1）能进行简单的蒸馏操作。

（2）能正确装配和拆卸蒸馏装置。

（3）养成质疑、求证、求实、创新的科学态度。

（4）培养绿色、循环、低碳发展理念。

## 相关知识

蒸馏是分离和提纯液态有机化合物最常用的重要方法之一。应用这一方法，不仅可以把挥发性物质与不挥发性物质分离，还可以把沸点不同的物质以及有色的杂质等分离。

## 一、蒸馏装置

蒸馏装置主要包括蒸馏烧瓶、冷凝管和接受器三部分。

圆底烧瓶是蒸馏时最常用的容器。它与蒸馏头组合习惯上称为蒸馏烧瓶。圆底烧瓶容量应由所蒸馏的液体的体积来决定。通常所蒸馏的原料液的体积应占圆底烧瓶容量的1/3~2/3。如果装入的液体量过多，当加热到沸腾时，液体可能冲出，或者液体飞沫被蒸气带出，混入馏出液中；如果装入的液体量太少，在蒸馏结束时，相对地会有较多的液体残留在瓶内蒸不出来。

蒸馏装置的装配方法：把温度计插入螺口接头中，螺口接头装配到蒸馏头上磨口。调整温度计的位置，务必使蒸馏时它的水银球能完全为蒸气所包围，这样才能正确地测量出蒸气的温度。通常水银球的上端应恰好位于蒸馏头支管的底边所在的水平线上（见图5-4）。在铁架台上，首先固定好圆底烧瓶的位置，装上蒸馏头，以后再装其他仪器时，不宜调整蒸馏烧瓶的位置。在另一铁架台上，用铁夹夹住冷凝管的中上部分，调整铁架台与铁夹的位置，使冷凝管的中心线和蒸馏头支管的中心线成一直线。移动冷凝管，把蒸馏头的支管和冷凝管严密地连接起来，铁夹应调节到正好夹在冷凝管的中央部位。再装上接引管和接受器。在蒸馏挥发性小的液体时，也可不用接引管。

如果蒸馏出的物质易受潮分解，可在接受器上连接一个氯化钙干燥管，以防止湿气的侵入；如果蒸馏的同时还放出有毒气体，则需装配气体吸收装置（见图5-5）。

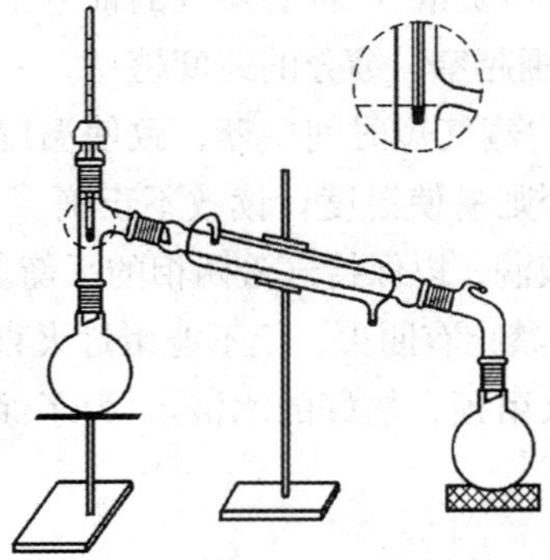

图5-4　普通蒸馏装置(Ⅰ)

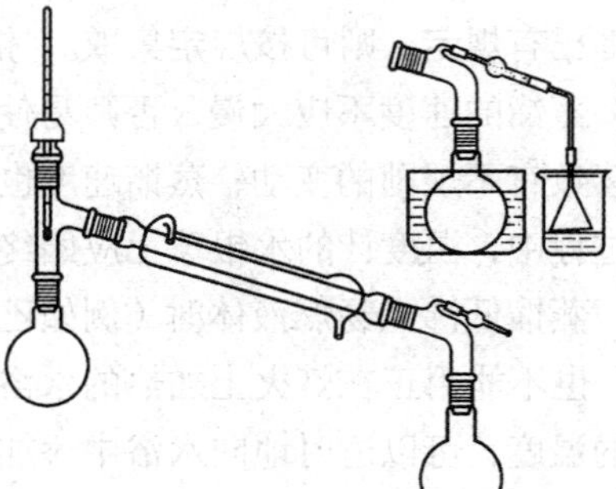

图5-5　普通蒸馏装置(Ⅱ)

当蒸馏沸点高于140℃的物质时，应该换用空气冷凝管。

## 二、蒸馏操作

蒸馏装置装好后，取下螺口接头，把要蒸馏的液体经长颈漏斗倒入圆底烧瓶里。漏斗的下端须伸到蒸馏头支管的下面。若液体里有干燥剂或其他固体物质，应在漏斗上放滤纸，或放一小撮松软的棉花或玻璃毛等，以滤去固体。也可把圆底烧瓶取下来，把液体小心地倒入瓶里。然后往烧瓶里投入2~3粒沸石。沸石是把未上釉的瓷片敲碎成半粒米大小的小粒。其作用都是防止液体暴沸，使沸腾保持平稳。当液体加热到沸点时，沸石能产生细小的气泡，成为沸腾中心。在持续沸腾时，沸石可以继续有效，但一旦停止沸腾或中途停止蒸馏，则原有的沸石即失效，再次加热蒸馏前，应补加新的沸石。如果事先忘记加入沸石，绝不能在液体加热到近沸腾时补加，因为这样往往会引起剧烈的暴沸，使部分液体冲出瓶外，有时还易发生着火事故。应该待液体冷却一段时间后，再行补加。如果蒸馏液体很黏稠或含有较多的固体物质，加热时很容易发生局部过热和暴沸现象，加入的沸石也往往失效，在这种情况下，可以选用适当的热浴加热，例如，可采用油浴或电热包。

是选用合适的热浴加热，还是在石棉铁丝网上加热（烧瓶底部一般应紧贴在石棉铁丝网上），要根据蒸馏液体的沸点、黏度和易燃程度等情况来决定。

用套管式冷凝管时，套管中应通入自来水，自来水用橡皮管接到下端的进水口，而从上端出来，用橡皮管导入下水道。

加热前，应再次检查仪器是否装配严密，必要时，应做最后调整。开始加热时，可以让温度上升稍快些。开始沸腾时，应密切注意蒸馏烧瓶中发生的现象；当冷凝的蒸气环由瓶颈逐渐上升到温度计水银球的周围时，温度计的水银柱就很快地上升。调节火焰或浴温，使从冷凝管流出液滴的速度约为1~2滴/s。应当记录下第一滴馏出液滴入接受器时的温度。当温度计的读数稳定时，另换接受器集取。如果温度变化较大，须多换几个接受器集取。所用的接受器都必须洁净，且事先都须称量过。记录下每个接受器内馏分的温度范围和质量。若要集取的馏分的温度范围已有规定，则可按规定集取。馏分的沸点范围越窄，馏分的纯度越高。

蒸馏的速度不应太慢，否则易使水银球周围的蒸气短时间中断，致使温度计上的读数有不规则的变动；蒸馏速度也不能太快，否则易使温度计读数不正确。在蒸馏过程中，温度计的水银球上应始终附有冷凝的液滴，以保持气液两相的平衡。

蒸馏低沸点易燃液体时（例如乙醚），附近应禁止有明火，绝不能用灯火直接加热，也不能用正在灯火上加热的水浴加热，而应该用预先热好的水浴。为了保持必需的温度，可以适时地向水浴中添加热水。

当烧瓶中仅残留少量液体时，应停止蒸馏。

## 任务实施

### 一、仪器与试剂

#### 1. 仪器

圆底烧瓶、温度计套管、蒸馏头、温度计、直形冷凝管、尾接管、锥形瓶、水浴锅、铁架台、量筒。

### 2. 试剂

75%乙醇、沸石。

## 二、操作步骤

### 1. 仪器安装

依次安装好蒸馏装置，调整温度计高度，使水银球上缘与蒸馏头支管的下缘在同一水平线上。整个装置要求无论从正面或侧面观察，各仪器的轴线都要处在同一平面内。除接液管与接收瓶连接处不用塞子外，整个装置各部分都应装配紧密，防止漏气。通入冷凝水，下端进水，上端出水。

### 2. 加料

将待蒸乙醇 80mL 小心倒入蒸馏瓶中，不要使液体从支管流出。加入几粒沸石，装好温度计套管，注意温度计的位置。

### 3. 加热

开始火焰可以稍大，观察蒸馏瓶中现象，蒸气上升到温度计水银球部时，温度计读数迅速上升，此时应适当调小火焰，使温度计读数下降，待水银球上液滴与蒸气达到平衡时控制火焰大小，使馏出的液滴速度为 1~2 滴/s，当温度计读数达 77℃时，换已干燥的锥形瓶，收集 77~79℃的馏出液，维持加热速度，当温度计读数高于 79℃时，停止加热。将收集馏分集中于回收瓶中，混合均匀。

在所需馏分蒸出后，温度计读数会突然下降。此时应停止蒸馏。即使杂质很少，也不要蒸干，以免蒸馏瓶破裂及发生其他意外事故。

### 4. 拆卸蒸馏装置

蒸馏完毕，先移去热源，待体系稍冷后关闭冷凝水，然后自后向前拆卸装置，拆卸顺序与安装顺序恰好相反。

## 三、技术提示

（1）在同一实验桌上安装几套蒸馏装置且相互间的距离较近时，每两套装置的相对位置必须是锥形瓶对锥形瓶或接受器对接受器，避免使一套装置的锥形瓶与另一套装置的接受器紧密相邻，这样有着火的危险。

（2）开始加热前必须加入沸石，如果加热前忘了加沸石，补加时应停止加热，待液体冷至沸点以下后方可加入。若蒸馏在中途停止过，重新蒸馏时应加入新的沸石。

（3）先通冷凝水，再加热，保持加热速度在 1~2 滴/s。

（4）切勿蒸干，以防意外事故发生。

## 四、数据记录

数据记录见表 5-3。

表 5-3 各蒸馏温度段的馏出液体积记录

| 温度/℃ | <77 | 77~79 | >79 |
|---|---|---|---|
| 馏出液体积/mL | | | |

## 五、考核标准

考核标准见表 5-4。

表 5-4 考核标准

| 考核项目 | 考核内容 | 分值 | 得分 |
|---|---|---|---|
| 安装蒸馏装置 | 安装顺序正确 | 5 | |
| | 全套仪器装置的轴线都在同一平面 | 10 | |
| 加料 | 将长颈漏斗插入侧口之下 | 5 | |
| | 液体体积未超过烧瓶容积的 2/3 | 5 | |
| | 加入沸石 | 5 | |
| 加热蒸馏 | 先开冷凝水再加热 | 5 | |
| | 先开小火后大火，再保持沸腾 | 10 | |
| | 馏出液速度每秒 1~2 滴 | 10 | |
| 停止蒸馏 | 先停止加热再关冷凝水 | 5 | |
| | 拆卸仪器顺序正确 | 10 | |
| 数据记录及处理 | 数据记录及时、真实、正确、整洁 | 5 | |
| | 计算正确 | 5 | |
| 职业素质 | 穿实验服、文明操作、无仪器损坏 | 5 | |
| | 敢于质疑、不断探索 | 5 | |
| | 注重安全、环保、节约 | 5 | |
| | 实验结束物品归位，台面整洁 | 5 | |

# 任务三 碘的萃取

## 任务描述

碘在不同溶剂中溶解度不同，特别是在有机和无机溶剂中溶解度不同，利用这个性质可以用四氯化碳（$CCl_4$）将碘水中的碘萃取出来。通过讲解和观看视频了解萃取的原理及分液漏斗的使用方法，最后完成从碘水中分离碘的任务。

检漏 → 装液 → 振荡 → 静置 → 分液 → 回收

## 任务要求

（1）能熟练进行分液漏斗的检漏、放气、分液等操作。
（2）会正确使用分液漏斗。
（3）能用有机溶剂萃取碘水中的碘。
（4）树立安全意识和环保意识。
（5）激发学习热情和为中华民族伟大复兴而奋斗的理想信念。

## 相关知识

萃取是利用物质在两种不互溶的溶剂中溶解度或分配比的不同来达到分离、提取或纯化目的的一种操作。萃取是有机化学实验中用来提取或纯化有机化合物的常用方法之一，应用萃取可以从固体或液体混合物中提取出所需物质，也可以用来洗去混合物中少量杂质。通常称前者为萃取，后者为洗涤。下面重点介绍液-液萃取操作。

### 一、仪器的选择

液-液萃取最通常的仪器是分液漏斗，一般选择容积较被萃取液体积大 1~2 倍的分液漏斗。

### 二、萃取溶剂

萃取溶剂的选择，应根据被萃取化合物的溶解度而定，同时要易于和溶质分开，所以最好用低沸点溶剂。一般难溶于水的物质用石油醚等萃取；较易溶者，用苯或乙醚萃取；易溶于水的物质用乙酸乙酯等萃取。

每次使用萃取溶剂的体积一般是被萃取液体的 1/5~1/3，两者的总体积不应超过分液漏斗总体积的 2/3。

### 三、操作方法

通常用分液漏斗来进行液体的萃取。必须事先检查分液漏斗的盖子和旋塞是否严密，以防分液漏斗在使用过程中发生泄漏而造成损失，检查的方法通常是用水试验。

在萃取或洗涤时，先将液体与萃取用的溶剂（或洗液）由分液漏斗的上口倒入，盖好盖子，振荡漏斗，使两液层充分接触。振荡的操作方法一般是先把分液漏斗倾斜，使漏斗的上口略朝下，如图 5-6 所

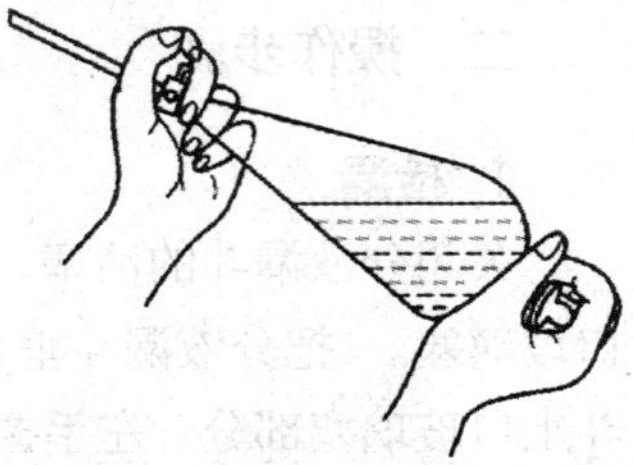
图 5-6　分液漏斗的使用

示，右手捏住漏斗上口颈部，并用食指根部压紧盖子，以免盖子松开，左手握住旋塞，握持旋塞的方式既要能防止振荡时旋塞转动或脱落，又要便于灵活地旋开旋塞。振荡后，令漏斗仍保持倾斜状态，旋开旋塞，放出蒸气或发生的气体，使内外压力平衡。若在漏斗内盛有易挥发的溶剂，如乙醚、苯等，或用碳酸钠溶液中和酸液，振荡后，更应注意及时旋开旋塞，放出气体。振荡数次以后，将分液漏斗放在铁环上（最好把铁环用石棉绳缠扎起来），静置，使乳浊液分层。有时有机溶剂和某些物质的溶液一起振荡，会形成较稳定的乳浊液，在这种情况下，应该避免急剧的振荡。如果已形成乳浊液，且一时又不易分层，则可加入食盐等电解质，使溶液饱和，以减低乳浊液的稳定性，轻轻地旋转漏斗，也可使其加速分层。在一般情况下，长时间静置分液漏斗，可达到使乳浊液分层的目的。

分液漏斗中的液体分成清晰的两层以后，就可以进行分离。分离液层时，下层液体应经旋塞放出，上层液体应从上口倒出。如果上层液体也经旋塞放出，则漏斗旋塞下面颈部所附着的残液就会把上层液体弄脏。

先把顶上的盖子打开（或旋转盖子，使盖子上的凹缝或小孔对准漏斗上口颈部的小孔，以使与大气相通），把分液漏斗的下端靠在接受器的壁上。旋开旋塞，让液体流下，当液面间的界限接近旋塞时，关闭旋塞，静置片刻，这时下层液体往往会增多一些。再把下层液体仔细地放出，然后把剩下的上层液体从上口倒到另一个容器里。

在萃取或洗涤时，上下两层液体都应该保留到实验完毕时。否则，如果中间的操作发生错误，便无法补救和检查。

在萃取过程中，将一定量的溶剂分多次萃取，其效果要比一次萃取为好。

## 任务实施

### 一、仪器与试剂

#### 1. 仪器

分液漏斗、量筒、烧杯、铁架台（带铁圈）。

梨形分液漏斗

#### 2. 试剂

碘的饱和水溶液、$CCl_4$。

### 二、操作步骤

#### 1. 检漏

关闭分液漏斗的活塞，打开上口的玻璃塞，往分液漏斗中注入适量水，盖紧上口玻璃塞。把分液漏斗垂直放置，观察活塞周围是否漏水。再用右手压住分液漏斗上口玻璃塞部分，左手握住活塞部分，把分液漏斗倒转，观察上口玻璃塞是否漏水，用左手转动活塞，看是否灵活。

“十四五”职业教育国家规划教材

# 基础化学实验任务工单

刘丹赤　主编

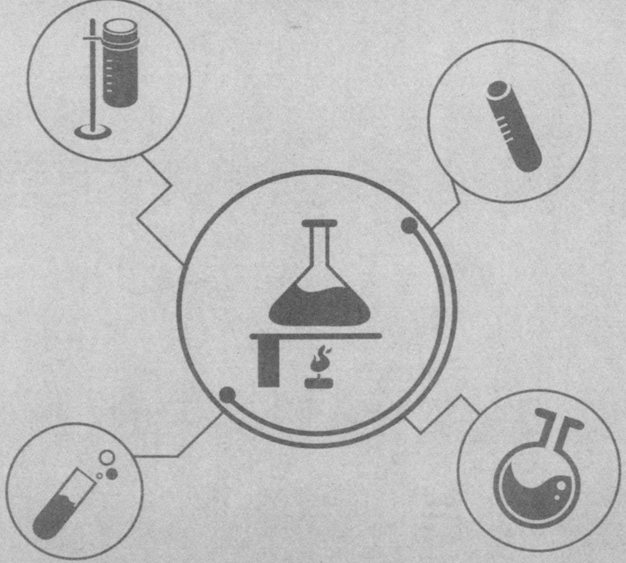

中国轻工业出版社 | 全国百佳图书出版单位

# 前言

化学是一门实验性很强的学科，化学工作离不开实验。学习如何在实验室里工作是学习化学的主要组成部分。一个教学实验只是为展示一个方法、一个道理或一个现象所做的实验，这些为初学者安排的实验都是别人做过千百次的实验在你手里的再现。但是做实验的目的不只在于再现这些现象，而是通过它培养学生的工作能力，要能够从一个实验得到一类问题的解决方法，只有把自己放在主动地位去实践、去研究、去思考，才能从实践中汲取智慧。

我们提倡学生开阔思维，多问为什么，多提不同意见。在实验中难免遇到不能解释的或与书本上所写的有矛盾的现象，也难免会产生各种怀疑，甚至各种设想。要珍惜这种智慧的火花。在书本与自己之间，不要过分相信书本；在理论知识与实验现象之间，不要过分相信理论。我们鼓励学生多思考、多动手，让每一个学生在理论水平和实践能力上都能迅速提高。

做任何工作都要有严谨的科学作风。在实验课中要培养这种作风，这种作风对你今后的工作是很有意义的。为此，必须严格要求自己。要求自己在实验前做好准备，做实验时整齐有序，严格遵守操作规程，认真观察现象，及时如实记录实验结果，对实验现象做深入的思考和整理，写出报告，不允许马马虎虎，匆匆忙忙的态度。

实验课能否成为培养学生实验室工作能力的环节要靠教师的引导和学生的努力。希望通过本学期的实验教学，学生在掌握化学实验的基本技能、提高动手能力的同时，掌握科学研究的思维方法。

与过去使用的教材相比，任务工单是一套全新的教学材料，它能帮助学生了解本课程的学习及要求，按照职业成长规律，促进学生的综合职业能力发展。在任务工单中，我们为学生准备的学习内容都是具体的具有不同训练功能的任务。首先要明确每个任务的要求，据此去安排自己的学习并评价自己的学习效果。在工作单的引导下，学生应尽量独立去完成每个任务的各个工作环节，学生之间要相互协作、互相学习，共同达到学习目标。

编　者

# 目录 Contents

# 项目一

# 实验前准备

## 任务一 实验室安全认知

### 任务描述

通过教师的讲解及观看视频资料，完成对实验室安全的认知及实验室出现紧急情况的处理，学习结束后提交任务工单。

### 任务要求

（1）能够描述化学实验室规则及实验安全事故的预防、处理和急救方法。

（2）具有实验安全意识和紧急情况的处理能力。

### 学习过程

**课前通过查阅资料，回答以下问题**

（1）实验室发生玻璃割伤，药品灼伤，烫伤，中毒等事故时，如何处理？

（2）如何对实验室的废液进行处理？

## 课外巩固

### 一、填空

1. 若在眼睛和皮肤不小心溅上强酸或强碱，应立即用大量________冲洗，然后相应的用3%～5%的________溶液或3%________溶液冲洗。
2. 使用电器设备（如烘箱、恒温水浴、离心机、电泳仪等）时，严防触电，绝不可用湿手或在眼睛旁视时开关电闸和电器开关。检查电器设备是否漏电时，应用________检查电气设备是否漏电，凡是漏电的仪器，一律不能使用。
3. 当不小心被玻璃割伤或其他机械损伤时，首先检查伤口内有无玻璃或金属等碎片，然后用硼酸水洗干净，再擦________，必要时用纱布包扎。若伤口较大或过深而大量出血，应迅速在伤口上部和下部扎紧血管止血，立即到医院就诊。
4. 烫伤后，一般用90%～95%________消毒后，涂________，若皮肤起泡（二级烫伤），不要弄破水泡，防止感染；若灼伤严重，应用无菌纱布盖好伤口，急送医院处理。
5. 汽油、乙醚、甲苯等有机溶剂着火时，应用__________扑灭，绝对不能用水，否则反而会扩大燃烧面积。
6. 废弃的溶液应按________和________进行分类，严禁将不同类别的液体混放在同一个瓶中。

### 二、选择

1. 重金属盐中毒者的急救方法是（　　）。

   A. 服催吐药　　B. 喝一杯含有几克硫酸镁的水溶液

   C. 喝牛奶　　D. 喝10%硫酸铜水溶液

2. 离心操作时，为防液体溢出，离心管中样品装量不能超过离心管体积的（　　）。

   A. 2/3　　B. 1/3　　C. 1/2　　D. 3/4

3. 下列着火时不能使用泡沫或二氧化碳灭火器的是（　　）。

   A. 苯胺　　B. 丙酮　　C. 导线　　D. 氯乙胺

4. 以下标志中表示腐蚀性药品的是（　　）。

A. 

B. 

C. 

D. 

5. 身上着火后，下列（　　）灭火方法是错误的？

A. 就地打滚　　B. 用厚重衣物覆盖压灭火苗

C. 迎风快跑　　D. 大量水冲或跳入水中

6. 扑救易燃液体火灾时，应用那种方法（　　）？

A. 用灭火器　　B. 用水泼

C. 扑打　　D. 以上都可以

7. 扑灭电器火灾不宜使用下列何种灭火器材（　　）？

A. 二氧化碳灭火器　　B. 干粉灭火器

C. 泡沫灭火器　　D. 灭火砂

8. 身上着火，最好的做法是（　　）。

A. 就地打滚或用水冲　　B. 奔跑

C. 大声呼救　　D. 边跑边脱衣服

9. 当实验室发生火灾、爆炸等危险事故时，首先应当如何处理？（　　）

A. 迅速撤离实验室　　B. 自己留下来排查事故原因

C. 打电话求救　　D. 切断电源

10. 实验室使用过的有机溶剂废液不应该采取下列哪种方式处理（　　）。

A. 汇集后排放入下水道

B. 回收一部分用于要求较低的实验中

C. 少量残液置于安全的空旷地点充分燃烧排放

D. 将废液分类集中于废液瓶中

11. 以下是安全进行实验工作的基本要素，哪一项不对（　　）。

A. 取用酸、碱等腐蚀性试剂时，应特别小心，不要洒出

B. 废酸液和废碱液可倒入同一个废液缸中处理

C. 在热天取用氨水时，最好先用冷水浸泡氨水瓶，使其降温后再开瓶取用

D. 对某些强氧化剂（如氯酸钾、硝酸钾、高锰酸钾等）或其混合物，不能研磨，否则将引起爆炸

12. 安全进行实验室工作，对意外事故要有必要的预防措施，下列哪一项是不对行为（　　）。

A. 当瓶塞不易开启时，必须注意瓶内贮存物质的性质，切不可贸然用火加热或乱敲瓶塞等

B. 实验中所用的剧毒物质应有专人负责收发，对实验后的有毒残渣必须作妥善有效处理，不准乱丢

C. 在通风橱内进行的实验过程，头、手均可伸入橱内观察实验现象和操作

D. 烫伤不重时，可涂凡石林、万花油；烫伤较重时，立即用蘸有饱和苦味酸或高锰酸钾溶液的棉花或纱布贴上，送到医务室处理

# 任务二 定量分析中的结果处理

## 任务描述

通过老师的讲解，掌握误差的分类、来源、减免方法，准确度、精密度的概念及其表示方法，有效数字的概念及运算规则；了解提高分析结果准确度的方法，可疑值的取舍方法。通过习题加深巩固相关内容，要求在后面的实验中能够灵活应用。

## 任务要求

（1）能判断分析过程中误差的类型，并找出减免误差的方法。

（2）会用误差和偏差分别表示分析结果的准确度和精密度。

（3）能根据分析过程使用的分析仪器，准确进行分析结果有效数字的记录。

（4）能根据有效数字的运算规则，准确进行有效数字的运算。

## 学习过程

### 课前通过查阅资料，回答以下问题

（1）定量分析中误差的来源有哪些？

（2）有效数字的运算规则是什么？

（3）原始数据记录中有哪些需要注意的事项？

## 课外巩固

### 一、填空

1. 滴定管读数小数点第二位估读不准确属于________误差；天平砝码有轻微锈蚀所引起的误差属于________误差；在重量分析中由于沉淀溶解损失引起的误差属于________；试剂中有少量干扰测定的离子引起的误差属于______；称量时读错数据属于________；滴定管中气泡未赶出引起的误差属于__________；滴定时操作溶液溅出引起的误差属于________。
2. 准确度高低用________衡量，它表示________。精密度高低用________衡量，它表示____________。
3. 对于一组测定，平均偏差与标准偏差相比，更能灵敏的反映较大偏差的是________。
4. 将以下数修约为 4 位有效数字。
   0.0253541 修约为________，0.0253561 修约为________，
   0.0253550 修约为________，0.0253650 修约为________，
   0.0253651 修约为________，0.0253549 修约为________。
5. 测得某溶液 pH 为 3.005，该值具有___位有效数字，氢离子活度应表示为______ mol/L；某溶液氢离子活度为 $2.5\times10^{-4}$ mol/L，其有效数字为________位，pH 为________；已知 HAc 的 $pK_a$=4.74，则 HAc 的 $K_a$ 值为________。
6. 常量分析中，实验用的仪器是分析天平和 50mL 滴定管，某学生错将称样和滴定的数据记为 0.31g 和 20.5mL，正确的记录应为________和________。
7. 消除该数值中不必要的非有效数字，请正确表示下列数值。
   0.0003459kg 为________g；0.02500L 为________L 或________。

### 二、选择

1. 下列情况的误差属于随机误差的是（　　）。
   A. 滴定时，标准溶液偶然有一点滴出锥形瓶外
   B. 偶然用了被磨损的砝码

C. 称量前后分析天平的零点稍有差别

D. 标准溶液未充分摇匀

2. 对于随机误差，下面的说法正确的是（　　）。

A. 具有可测性

B. 具有重现性

C. 无法减免

D. 可通过多次平行测定，取平均值得到减免

3. 消除随机误差的方法是（　　）。

A. 做多次平行测定，取平均值

B. 把所使用的所有仪器进行严格校正

C. 使用分析纯的试剂

D. 非常认真细致地操作

4. 指示剂的变色点与化学计量点不相符引起的误差称为（　　）。

A. 随机误差　　B. 方法误差

C. 终点误差　　D. 试剂误差

5. 按有效数字运算规则，算式$\frac{(25.42-20.7)\times 40.00}{0.1025\times 1000}$的计算结果应为（　　）位有效数字。

A. 一　　B. 二　　C. 三　　D. 四

6. 按有效数字运算规则，当 lgK =20.43，则 K =（　　）。

A. $2.7\times 10^{20}$　　B. $2.69\times 10^{20}$

C. $2.692\times 10^{20}$　　D. $3\times 10^{20}$

7. 某物体在分析天平上称得的质量为 15.5512g，若用分度值为 ±0.1g 的台天平称量，则其质量应记录为（　　）。

A. 15.5g　　B. 15600mg　　C. 16g　　D. $15.55\times 10^{3}$mg

8. 算式$\frac{0.1080\times(30.20-25.00)}{1.5000\times\frac{25.00}{100.0}}\times 100\%$的结果应保留有效数字（　　）位。

A. 四　　B. 三　　C. 二　　D. 五

9. 分析某一试样中的 Fe 含量，每次称取试样 0.5500g，分析结果报告合理的为（　　）。

A. 平均值为 21.06%，相对相差为 0.1024%

B. 平均值为 21.1%，相对相差为 0.102%

C. 平均值为 21%，相对相差为 0.1%

D. 平均值为 21.06% 相对相差为 0.1%

10. 按 Q 检验法，下列三组数据中可疑值 0.2052 应舍弃的是（　　）。（已知：当 n 分别为 3、4、5 时，$Q_{0.90}$ 相应为 0.94、0.76、0.64）

A. 0.2038，0.2039，0.2041，0.2042，0.2052

B. 0.2038，0.2039，0.2042，0.2052

C. 0.2038，0.2042，0.2052

# 任务三　常用玻璃仪器的认领、洗涤与干燥

## 任务描述

按照仪器单上各种仪器的名称、规格和数量识别并清点仪器，检查有无破损，瓶口和管口有无缺损等。仪器清点、检查与仪器单符合后签收。然后根据实验要求和污物的性质选择合适的洗涤方法，配制洗液，将所领仪器洗净，学生依据考核标准自评。学习结束后提交任务工单。

## 任务要求

（1）清点和认识化学实验常用的仪器，明确它们的名称、规格、用途等。

（2）会配制铬酸洗液，并会根据清洗对象正确使用铬酸洗液。

（3）会洗涤一般的玻璃仪器，并能根据要求干燥仪器。

## 学习过程

**课前通过查阅资料，回答以下问题**

（1）如何配制铬酸洗液？

（2）器皿是否洗净，如何检验？滴定管为什么用标准溶液洗 2~3 遍？锥形瓶是否应烘干？为什么？

（3）洗涤玻璃器皿过程中，每次用水量应遵循什么原则、用量如何控制？

## 课外巩固

### 一、填空

1. 最常用的洁净剂有________、________、________、________、________等。
2. 常用的实验仪器洗涤方法有________、________、________。
3. 玻璃仪器常见的干燥方法有________、________、________和________，应根据具体的情况选择适当的方法将仪器进行干燥。
4. 用水刷洗玻璃仪器时，加入仪器容积约________（几分之几）的自来水，一般洗____次。若器壁有尘物，用________刷洗，最后用________淋洗，一般为________次。洗净的仪器（能不能）________用布或纸擦干。
5. 分析实验中所用滴定管、移液管、容量瓶、锥形瓶，在使用时要用试液涮洗的是________________。
6. 对玻璃仪器进行多次洗涤时，为节约试剂，又保证洗涤效果，使用洗涤剂应本着“________”原则，洗净的玻璃仪器应呈________且________。

### 二、选择

1. 移液管的洗涤中可能包括以下几步操作：A. 洗液或洗涤剂洗 B. 自来水洗 C. 蒸馏水润洗 D. 操作液润洗。正确的操作顺序应是（ ）。
   A. ABCD B. ACBD C. ADBC D. AD
2. 要洗去玻璃仪器表面的灰尘、水溶性污物和不溶性物质，宜采用的最简便方法为（ ）。
   A. 用水直接刷洗
   B. 用去污粉、洗衣粉或肥皂洗涤
   C. 用铬酸洗液洗涤
   D. 用有机溶剂清洗
3. 做完有机反应实验，玻璃反应器皿壁上沾有胶状或焦油状残留物，宜采用的洗涤方法为（ ）。
   A. 用水直接刷洗

B. 用去污粉、洗衣粉或肥皂洗涤

C. 用铬酸洗液洗涤

D. 用有机溶剂清洗

4. 将量筒干燥，不宜采用的方法是（　　）。

A. 晾干　　B. 冷风吹干

C. 烘干　　D. 用有机溶剂干燥

5. 使用容量瓶时，下列操作有错误的是（　　）。

A. 不宜长期存放试剂

B. 用过的容量瓶应立即用水洗净备用

C. 容量瓶可在电炉上、烘箱中加热干燥

D. 容量瓶可用酒精等有机溶剂润洗后晾干

## 考核评价

| 项　　目 | 项目分数 | 实际得分 | | 总分 |
|---|---|---|---|---|
| | | 自评（20%） | 教师评分（80%） | |
| 预习情况 | 20 | | | |
| 操作过程 | 40 | | | |
| 实验结果 | 10 | | | |
| 工作态度 | 10 | | | |
| 任务工单 | 20 | | | |

# 项目二

# 滴定分析基本操作

## 任务一 天平的操作

### 任务描述

通过课前预习、教师讲解及视频资料的播放，认知托盘天平和电子天平的构造，然后用三种方法称量，其中减量法要求控制质量在规定量±5%范围内，学生依据考核标准自评。 学习结束后提交任务工单。

### 任务要求

（1）能够正确描述托盘天平和电子天平的构造。

（2）会正确操作托盘天平和电子天平。

（3）会用直接法、减量法及固定质量法称量，并会根据具体要求选择合适的方法。

### 学习过程

**1. 课前通过查阅资料，回答以下问题**

（1）简述直接称量法的使用范围和操作要点。

（2）怎样用称量瓶进行转移样品操作？

称量瓶拿法

从称量瓶中倾出样品

（3）减量法的操作要点是什么？

（4）用托盘天平和电子天平称量，应读准至几位小数？

## 2. 填写数据记录表

（1）直接法称量

| 试样 | *m*/g |
|---|---|
| 小烧杯 | |
| 表面皿 | |

（2）固定质量法称量

| 编号 | 1 | 2 |
|---|---|---|
| 试样质量/g | | |

（3）减量法称量

| 编号 | 1 | 2 | 3 |
|---|---|---|---|
| 倾出试样前称量瓶+试样质量 $m_1$/g | | | |
| 倾出试样后称量瓶+试样质量 $m_2$/g | | | |
| 试样质量 $m$/g | | | |

## 课外巩固

### 一、填空

1. 用万分之一天平称取样品，其称量误差为____________。
2. 根据不同的称量对象，电子天平大致有________、________、________三种常用的称量方法。
3. 如果天平长时间没有用过，或天平移动位置，应进行一次________。________要在天平通电预热________以后进行。

### 二、选择

1. 使用电子天平的一般步骤为（　　）。

   A. 检查天平→清扫天平→点击开机→称量试样→关机→清扫天平→使用登记

   B. 点击开机→检查天平→称量试样→清扫天平→使用登记→检查天平→关机

   C. 检查天平→点击开机→清扫天平→称量试样→清扫天平→关机→使用登记

   D. 清扫天平→点击开机→使用登记→称量试样→检查天平→清扫天平→关机

2. 减量法称量的优点是适合称量（　　）。

   A. 不易潮解物质

   B. 有毒物质

   C. 多份易潮解的样品

   D. 不易挥发物质

3. 关于减量法的下列说法中，不正确的是（　　）。

   A. 称量时，称量瓶可用纸条夹取或用专用称量手套拿取

   B. 称量时，称出物的质量超过所需范围太多，应重称

C. 称量时盛称量物的称量瓶要用去离子水洗净并烘干

D. 称量时，可用小药匙从称量瓶中取出样品到盛样器

4. 下列说法中，正确的是（　　）。

A. 称量过程不能随意把称量瓶放在托盘上或桌面上

B. 称量完毕不必清扫天平

C. 转移试样时，要用笔杆敲击瓶口右上(内)缘

D. 试样温度应高于室内温度

5. 减量法称基准物时，下列说法不正确的是（　　）。

A. 接装基准物的锥形瓶在称样前应干燥

B. 接装基准物的锥形瓶在称样前不需干燥

C. 接装基准物的锥形瓶需用蒸馏水润洗

D. 接装基准物的锥形瓶应编号

## 考核评价

<table>
<tr><th rowspan="2">项　　目</th><th rowspan="2">项目分数</th><th colspan="2">实际得分</th><th rowspan="2">总分</th></tr>
<tr><th>自评（20%）</th><th>教师评分（80%）</th></tr>
<tr><td>预习情况</td><td>20</td><td></td><td></td><td rowspan="5"></td></tr>
<tr><td>操作过程</td><td>40</td><td></td><td></td></tr>
<tr><td>实验结果</td><td>10</td><td></td><td></td></tr>
<tr><td>工作态度</td><td>10</td><td></td><td></td></tr>
<tr><td>任务工单</td><td>20</td><td></td><td></td></tr>
</table>

# 任务二　移液管的操作

## 任务描述

通过课前预习、教师讲解及视频资料的播放，练习用移液管从容量瓶中移取一定准确体积的溶液，学生依据考核标准自评。学习结束后提交任务工单。

## 任务要求

（1）能够正确描述移液管和吸量管的规格、用途及操作要点。

（2）会正确操作移液管和吸量管。

## 学习过程

### 1. 课前通过查阅资料，回答以下问题

（1）移液管进行移液、装液前须用操作液润洗 2~3 次，锥形瓶也须用操作液润洗吗？为什么？

（2）使用移液管、吸量管的操作要领是什么？

## 2. 操作示意图

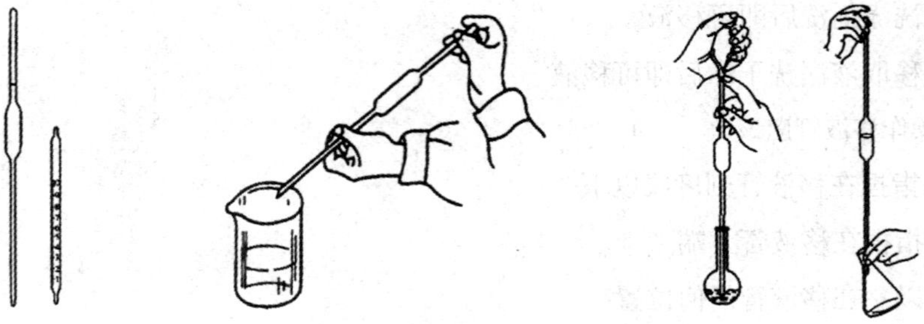

移液管的操作

# 课外巩固

## 一、填空

1. 移液管和吸量管都是准确________一定量溶液的量器。移液管又称吸管，是一根细长而________的玻璃管，在管的上端有一环形标线，膨大部分标有它的容积和标定时的温度，常用的移液管有 5mL、10mL、25mL、50mL 等规格。
2. 用移液管吸取溶液时，先吸入移液管或吸量管容量的________，取出，横持，并转动管子使溶液接触到________部位，以________，然后将溶液从管的下口放出并弃去，如此用欲取溶液________后，即可吸取溶液至刻度以上。
3. 将移液管或吸量管向上提升离开液面，管的末端仍靠在______，管身______，略微放松食指有时可______移液管或吸量管，使管内溶液慢慢从下口流出，直至______为止，立即用食指压紧管口。将尖端的液滴______，移出移液管或吸量管，插入承接溶液的器皿中。
4. 承接移液管中溶液的器皿如是锥形瓶，应使锥形瓶______，移液管或吸量管，管下端______，放开食指，让溶液______流下，流完后尖端______，再将移液管或吸量管移去。
5. 为了减少测量误差，吸量管每次都应从________为起始点，往下放出所需体积，而不是放出多少就吸取多少体积。

## 二、选择

1. 用 25mL 移液管移出溶液的体积应记为（　　）mL。

   A. 25　　　　B. 25.0

   C. 25.000　　　　D. 25.00

2. 下面有关移液管的使用正确的是（　　）。

   A. 用自来水洗净后即可移液

B. 用蒸馏水洗净后即可移液

C. 用洗涤剂洗后即可移液

D. 用移取液润洗干净后即可移液

3. 正确操作移液管应该（　　）。

A. 三指捏在移液管刻度线以下

B. 三指捏在移液管上端

C. 可以拿在移液管任何位置

D. 必须两手同时握住移液管

4. 放出移液管中的溶液时，当液面降至管尖后，应等待（　　）以上。

A. 5s　　B. 10s

C. 15s　　D. 20s

## 考核评价

| 项　　目 | 项目分数 | 实际得分 | | 总分 |
|---|---|---|---|---|
| | | 自评（20%） | 教师评分（80%） | |
| 预习情况 | 20 | | | |
| 操作过程 | 40 | | | |
| 实验结果 | 10 | | | |
| 工作态度 | 10 | | | |
| 任务工单 | 20 | | | |

# 任务三　容量瓶的操作

## 任务描述

通过课前预习、教师讲解及视频资料的播放，练习用容量瓶配制一定体积准确浓度的溶液，学生依据考核标准自评，学生依据考核标准自评。 学习结束后提交任务工单。

## 任务要求

（1）能够正确描述容量瓶规格、用途及操作要点。

（2）会正确操作容量瓶。

## 学习过程

### 1. 课前通过查阅资料，回答以下问题

（1）用容量瓶配制溶液时是否需要干燥？ 为什么定容时，溶液的温度必须与室温相同？

（2）把烧杯里的溶液转移到容量瓶中后，烧杯里的洗涤液为什么也要转移到容量瓶中？

（3）配制溶液时如果溶液的弯月面低于标线，能否纠正？ 应怎样纠正？ 反之，若溶液的弯月面高于标线，能否纠正？ 为什么？

2. 操作示意图

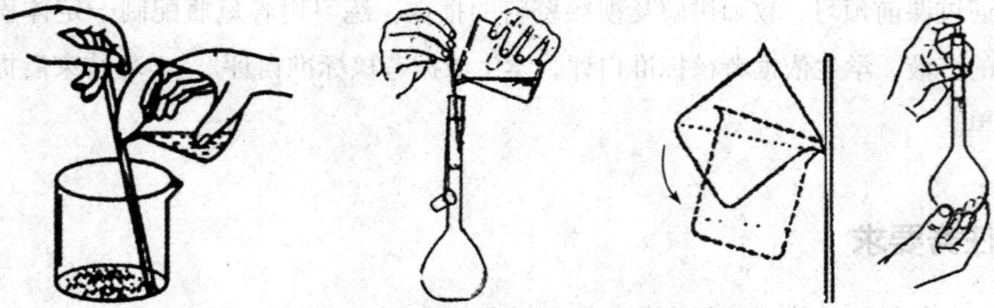

固体试样的溶解、转移、定容、混匀

## 课外巩固

### 一、填空

1. 容量瓶是常用的测量容纳__________的一种容量器皿。 它是一个细长颈梨形平底瓶，带有磨口玻塞或塑料塞。 在其颈上有一__________，在指定温度下，当溶液充满至__________与标线相切时，所容纳的溶液体积等于瓶颈上标示的体积。

2. 容量瓶主要用来配制__________溶液，或稀释一定量溶液到一定的体积。 滴定分析用的容量瓶通常有 25mL、50mL、100mL、250mL、500mL、1000mL 等各种规格。 用容量瓶配制溶液当接近标线时，应以________逐滴加水至弯月面恰好与标线相切。

### 二、选择

1. 下列操作中，（　　）是容量瓶不具备的功能。

A. 直接法配制一定体积准确浓度的标准溶液

B. 定容操作

C. 测量容量瓶规格以下的任意体积的液体

D. 准确稀释某一浓度的溶液

2. 使用容量瓶时，下列哪个操作是正确的（　　）。

A. 将固体试剂放入容量瓶中，加入适量的水，加热溶解后稀释至刻度

B. 热溶液应冷至室温后再移入容量瓶稀释至标线

C. 容量瓶中长久贮存溶液

D. 闲置不用时，盖紧瓶塞，放在指定的位置

## 考核评价

<table>
<tr><th rowspan="2">项　目</th><th rowspan="2">项目分数</th><th colspan="2">实际得分</th><th rowspan="2">总分</th></tr>
<tr><th>自评（20%）</th><th>教师评分（80%）</th></tr>
<tr><td>预习情况</td><td>20</td><td></td><td></td><td rowspan="5"></td></tr>
<tr><td>操作过程</td><td>40</td><td></td><td></td></tr>
<tr><td>实验结果</td><td>10</td><td></td><td></td></tr>
<tr><td>工作态度</td><td>10</td><td></td><td></td></tr>
<tr><td>任务工单</td><td>20</td><td></td><td></td></tr>
</table>

# 任务四 溶液的配制

## 任务描述

通过课前预习、教师讲解及视频资料的播放，获得溶液配制的相关知识。根据给定的任务分别配制一般溶液、标准溶液并准确稀释溶液，学生依据考核标准自评。学习结束后提交任务工单。

## 任务要求

（1）能够正确使用托盘天平、电子天平、移液管、容量瓶。

（2）能进行一般溶液、标准溶液的配制和溶液的稀释操作。

（3）会根据需要的准确度选择测量仪器。

## 学习过程

### 1. 课前通过查阅资料，回答以下问题

（1）如何用 NaCl 固体或 2.0mol/L NaCl 溶液配制 100mL 0.5mol/LNaCl 溶液?

（2）为什么 NaOH 溶液不能采用直接法配制标准溶液?

（3）如何用密度为 1.19g/mL 的 37% 浓盐酸，配制 0.1mol/LHCl 溶液 500mL。

（4）如何配制 0.10mol/L 的 $H_2SO_4$溶液 500mL？ 实验室有 98% 的浓 $H_2SO_4$，$\rho$ =1.84g/mL。

（5）如何用固体 NaOH 配制 30%（质量分数）NaOH 溶液 500mL？

（6）如何用固体 $Na_2CO_3$配制浓度为 0.1000mol/L 的 $Na_2CO_3$溶液 500mL？

**2. 用框图写出粗略配制溶液的过程**

**3. 用框图写出准确配制溶液的过程**

**4. 填写溶液配制数据记录表**

| 项目＼配制方法 | 配制过程 |
| --- | --- |
| 0.1mol/L HCl 溶液 500mL | 用_______量取浓盐酸____mL，倒入_______mL 水中，混匀 |
| 0.1mol/L NaOH 溶液 500mL | 用_______称取固体 NaOH____g，用_______加水_______mL，混匀 |
| 0.1mol/L 邻苯二甲酸氢钾标准溶液 500mL | 用_______称取固体邻苯二甲酸氢钾_______g，用_______定容至_______mL，混匀 |

## 课外巩固

### 一、填空

1. 标准溶液的配制方法有__________和_________。
2. 配制 0.2mol/L 的 NaOH 溶液需称取固体 NaOH 约________g。
3. 配制 0.1mol/L $Na_2CO_3$溶液需准确称取无水 $Na_2CO_3$________g。
4. 用浓盐酸配制 0.2mol/L 的 HCl 溶液 200mL，需量取浓盐酸约______mL。（注：浓盐酸质量百分比为 37% 左右）

### 二、选择

1. 现需要配制 0.1000mol/L$K_2Cr_2O_7$溶液，下列量器中最合适的量器是（　　）。

   A. 容量瓶　　B. 量筒

   C. 刻度烧杯　　D. 酸式滴定管
2. 可用于直接配制标准溶液的是（　　）。

   A. $KMnO_4$(A. R)　　B. $K_2Cr_2O_7$(A. R)

   C. $Na_2S_2O_3 \cdot 5H_2O$(A. R)　　D. NaOH(A. R)
3. 配制好的 HCl 溶液需贮存于（　　）中。

   A. 棕色橡皮塞试剂瓶　　B. 塑料瓶

   C. 白色磨口塞试剂瓶　　D. 白色橡皮塞试剂瓶
4. 溶解基准物质时加入 20~30mL 水，应采用哪种量器（　　）。

   A. 量筒　　B. 移液管　　C. 滴定管　　D. 容量瓶
5. 配制 0.1mol/LHCl 溶液 500mL，需量取 1∶1 HCl 溶液（　　）mL。

   A. 6　　B. 7　　C. 8　　D. 9

6. 配制 NaOH 溶液时，以下操作正确的是（　　）。

A. 在试剂瓶里加入蒸馏水和固体 NaOH 直接配制

B. 在烧杯中用适量蒸馏水将 NaOH 完全溶解后转移到试剂瓶中，再加入蒸馏水到所需体积

C. 分析天平称取固体 NaOH 配制溶液

D. 需要精确量取蒸馏水的体积

7. 将烧杯中的溶液定量转移到容量瓶中，下列操作不正确的是（　　）。

A. 转移时，不用玻璃棒

B. 烧杯中的溶液流尽后，将烧杯轻轻顺玻棒上提

C. 烧杯中和玻棒上的残液，使用少量的水多次洗涤

D. 转移时，玻棒的下端靠着瓶颈内壁

## 考核评价

| 项　目 | 项目分数 | 实际得分 | | 总分 |
|---|---|---|---|---|
| | | 自评（20%） | 教师评分（80%） | |
| 预习情况 | 20 | | | |
| 操作过程 | 40 | | | |
| 实验结果 | 10 | | | |
| 工作态度 | 10 | | | |
| 任务工单 | 20 | | | |

# 任务五 滴定管的操作

## 任务描述

通过课前预习、教师讲解及视频资料的播放，练习酸碱溶液的比较滴定，学会一滴、半滴的操作及滴定终点的判断，学生依据考核标准自评。 学习结束后提交任务工单。

## 任务要求

（1）能够正确描述滴定管的规格、用途及操作要点。

（2）会正确配制和使用酸碱指示剂。

（3）会正确操作滴定管。

（4）会正确判断滴定终点。

## 学习过程

### 1. 课前通过查阅资料，回答以下问题

（1）滴定管使用前应做哪些准备？

（2）滴定管如何读数？

（3）滴定前，须将滴定管下尖嘴内的气泡排去，为什么？

（4）滴定至临近终点时加入半滴的操作是怎样进行的？

（5）做平行测定时，每次滴定都应从滴定管的刻度“0.00 或稍低位置”开始，为什么？

（6）用 NaOH 溶液滴定 HCl 溶液，甲基橙和酚酞两种指示剂用哪一种更合适，为什么？

## 2. 操作示意图

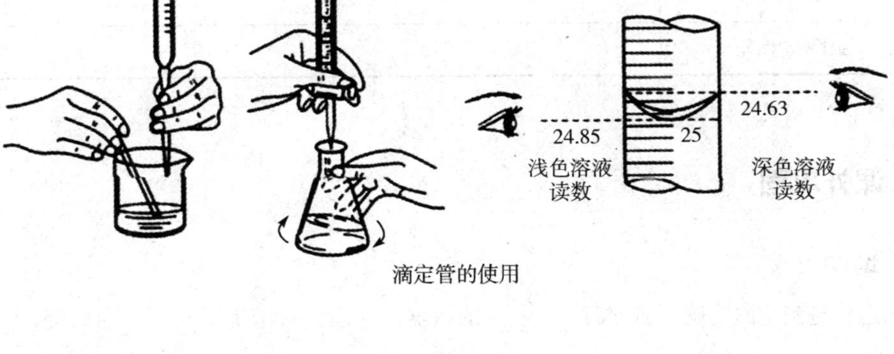


滴定管的使用

### 3. 填写酸碱比较滴定的数据记录表

（1）以甲基橙为指示剂，用 HCl 溶液滴定 NaOH 溶液。

| 编号 | 1 | 2 | 3 |
|---|---|---|---|
| $V_{NaOH}$/mL | | | |
| HCl 初读数/mL | | | |
| HCl 终读数/mL | | | |
| $V_{HCl}$/mL | | | |
| $V_{HCl}/V_{NaOH}$ | | | |
| $\overline{V_{HCl}/V_{NaOH}}$ | | | |
| 绝对偏差 | | | |
| 平均偏差 | | | |
| 相对平均偏差 | | | |

（2）以酚酞为指示剂，用 NaOH 溶液滴定 HCl 溶液。

| 编号 | 1 | 2 | 3 |
|---|---|---|---|
| $V_{HCl}$/mL | | | |
| NaOH 初读数/mL | | | |
| NaOH 终读数/mL | | | |
| $V_{NaOH}$/mL | | | |
| $V_{NaOH}/V_{HCl}$ | | | |
| $\overline{V_{NaOH}/V_{HCl}}$ | | | |
| 绝对偏差 | | | |
| 平均偏差 | | | |
| 相对平均偏差 | | | |

## 课外巩固

### 一、填空

1. 滴定管是滴定时准确测量溶液________的量器，它是具有精确________而内径______

的细长的玻璃管。常量分析的滴定管容积有 50mL 和 25mL，最小刻度为______mL，读数可估计到______mL。

2. 滴定管读数时，滴定管应保持________，以液面呈__________与________为准，眼睛视线与_________在同一水平线上。
3. 酸式滴定管使用前应检查________是否灵活，然后检查________。试漏的方法是将________关闭，在滴定管内充满水，将滴定管夹上，放置________，看是否有水渗出；将活塞转动 180°，再放置 2min，看是否有水渗出。若前后两次均无水渗出，活塞转动也灵活，即可使用，否则应将活塞取出，重新涂________后再使用。
4. 涂凡士林的方法是将活塞取出，用滤纸或干净布将________的水擦净。用手指蘸少许凡士林在活塞的两头，涂上薄薄一层，在离活塞孔的两旁少涂一些，以免凡士林堵住活塞孔；或者分别在________的一端和________的一端内壁涂一薄层凡士林，将活塞直插入活塞槽中按紧，并向同一个方向转动活塞，直至活塞中油膜________。
5. 在注入或放出溶液后，必须静置________后，使附在内壁上的溶液流下来以后才能读数。如果放出液体较慢（如接近计量点时就是这样），也可静置 0.5~1min 即可读数。
6. 酚酞在酸性溶液中呈________色，碱性溶液中为________色，而甲基橙在酸性溶液中呈________色，碱性溶液中为________色。

## 二、选择

1. 在 HCl 滴定 NaOH 时，一般选择指示剂（　　）。

   A. 甲基橙　　B. 酚酞　　C. 甲基红　　D. 溴甲酚绿

2. 在 NaOH 滴定 HCl 时，一般选择指示剂（　　）。

   A. 甲基橙　　B. 酚酞　　C. 甲基红　　D. 溴甲酚绿

3. 操作碱式滴定管时拇指和食指捏挤胶管的位置正确的是（　　）。

   A. 玻璃珠右下角的胶管　　B. 玻璃珠右上角的胶管

   C. 玻璃珠上面的胶管　　D. 玻璃珠下面的胶管

4. 将配好的 NaOH 溶液装入滴定管时，下列操作正确的是（　　）。

   A. 用量筒量入滴定管中

   B. 先将 NaOH 溶液倒入烧杯，再从烧杯倒入滴定管中

   C. 从装 NaOH 溶液的试剂瓶直接倒入滴定管中

   D. 用移液管转移入滴定管中

5. 滴定过程中，下列操作正确的是（　　）。

   A. 使滴定管尖嘴部分悬在锥形瓶口上方，以免碰到瓶口

B. 摇瓶时，使溶液向同一方向作圆周运动，溶液不得溅出

C. 滴定时，左手可以离开旋塞任其自流

D. 为了操作方便，最好滴完一管再装溶液

6. 滴定管未赶气泡就读取了初读数，滴定后气泡消失，则所测得的溶液体积（　　）。

A. 无问题　　B. 偏小

C. 偏大　　D. 可能偏大，也可能偏小

7. 滴定管终点读数读完后，发现管尖还挂着半滴液滴，则所测得的溶液体积（　　）。

A. 偏大　　B. 偏小

C. 无问题　　D. 可能偏大，也可能偏小

8. 滴定管装入标准溶液后，应（　　）。

A. 先读初读数，再赶气泡　　B. 先赶气泡，再读初读数

C. 先滴定，再赶气泡　　D. 先读终读数，再赶气泡

9. 每次滴定之前，滴定管要添加滴定剂到 0 刻度附近，是为了（　　）。

A. 0.00 刻度的读数比其他地方的读数准确

B. 减少读数次数，减少系统误差

C. 减少滴定管刻度不够均匀引起的体积误差

D. 保证溶液在下次滴定时足够

10. 进行滴定时，操作正确的是（　　）。

A. 左手摇动锥形瓶颈，右手控制滴定管

B. 滴定时眼睛盯住滴定管液面刻度变化

C. 滴定时左手可离开旋塞任溶液自流

D. 注意观察液滴落点周围溶液的颜色变化

11. 滴定管读数允许的绝对误差为 ±（　　）mL。

A. 0.01　　B. 0.02　　C. 0.03　　D. 0.04

12. 关于滴定管的读数，下列正确的是（　　）。

A. 滴定管只要在滴定架台上夹得垂直，读数时就不必取下

B. 读数前要检查管尖是否挂液珠，管尖内是否有气泡

C. 因为滴定管的分度值为 0.01mL，所以其读数应读到 0.01mL

D. 读数时一般读取弯月面上缘，并使视线与该点在一个水平面上

13. 使用碱式滴定管进行滴定的正确操作方法是（　　）。

A. 左手捏挤玻璃珠上方的乳胶管

B. 左手捏挤玻璃珠上半部的乳胶管

C. 右手捏挤玻璃珠下方的乳胶管

D. 右手捏挤玻璃珠上半部的乳胶管

14. 读取滴定管读数时，下列操作中错误的是（　　）。

A. 读数前要检查滴定管内壁是否挂水珠，管尖是否有气泡

B. 读数时，应使滴定管保持垂直

C. 读取弯月面下缘最低点，并使视线与该点在一个水平面上

D. 有色溶液与无色溶液的读数方法相同

## 考核评价

| 项　目 | 项目分数 | 实际得分 | | 总分 |
|---|---|---|---|---|
| | | 自评（20%） | 教师评分（80%） | |
| 预习情况 | 20 | | | |
| 操作过程 | 40 | | | |
| 实验结果 | 10 | | | |
| 工作态度 | 10 | | | |
| 任务工单 | 20 | | | |

# 项目三

# 滴定分析标准溶液的制备

## 任务一 盐酸标准溶液的制备

### 任务描述

通过课前预习、教师讲解及视频资料的播放，获得 HCl 溶液配制和标定的相关知识，完成 0.1mol/L HCl 溶液的配制和标定，要注意滴定终点颜色的控制，学生依据考核标准自评。学习结束后提交任务工单。

### 任务要求

（1）能正确配制和标定 HCl 溶液。

（2）熟练滴定操作和滴定终点的判断。

### 学习过程

#### 1. 课前通过查阅资料，回答以下问题

（1）HCl 标准溶液能否用直接配制法配制？ 为什么？

（2）用无水 $Na_2CO_3$ 作为基准物质标定 HCl 溶液时，能否用酚酞作指示剂？为什么？

（3）基准物质 $Na_2CO_3$ 为什么要放在称量瓶中称量？称量瓶是否要预先称准？称量时盖子是否要盖好？

## 2. 填写盐酸标准溶液制备的数据记录表

| 编号 | 1 | 2 | 3 |
|---|---|---|---|
| $Na_2CO_3$+称量瓶质量/g | | | |
| 倾倒后 $Na_2CO_3$+称量瓶质量/g | | | |
| $Na_2CO_3$ 质量/g | | | |
| HCl 溶液初读数/mL | | | |
| HCl 溶液终读数/mL | | | |
| $V_{HCl}$/mL | | | |
| $c_{HCl}$/(mol/L) | | | |
| $\overline{c_{HCl}}$/(mol/L) | | | |
| 相对偏差/% | | | |
| 相对平均偏差/% | | | |

## 课外巩固

### 一、填空

1. 常用作标定盐酸的基准物质有________和________等。
2. 用基准物碳酸钠标定盐酸溶液时一学生未将碳酸钠干燥完全，所得结果的浓度值要偏________。

## 二、选择

1. 配制 HCl 标准溶液宜取的试剂规格是（　　）。

A. HCl（A. R）　　B. HCl（G. R）

C. HCl（L. R）　　D. HCl（C. P）

2. 欲配制 1000mL0. 1mol/LHCl 溶液，应取浓度为 12mol/L HCl 的浓盐酸（　　）。

A. 0. 84mL　　B. 8. 3mL

C. 1. 2mL　　D. 12mL

3. 用基准物质无水碳酸钠标定 0. 1000mol/L 盐酸，宜选用（　　）作指示剂。

A. 溴钾酚绿-甲基红　　B. 酚酞

C. 百里酚蓝　　D. 二甲酚橙

4. 配制好的 HCl 溶液需贮存于（　　）中。

A. 棕色橡皮塞试剂瓶　　B. 塑料瓶

C. 白色磨口塞试剂瓶　　D. 白色橡皮塞试剂瓶

## 考核评价

| 项　目 | 项目分数 | 实际得分 | | 总分 |
|---|---|---|---|---|
| | | 自评（20%） | 教师评分（80%） | |
| 预习情况 | 20 | | | |
| 操作过程 | 40 | | | |
| 实验结果 | 10 | | | |
| 工作态度 | 10 | | | |
| 任务工单 | 20 | | | |

# 任务二　氢氧化钠标准溶液的制备

## 任务描述

通过课前预习、教师讲解及视频资料的播放，获得 NaOH 溶液配制和标定的相关知识，完成 0.1mol/LNaOH 溶液的配制和标定，要注意指示剂的选择和滴定终点颜色的控制，学生依据考核标准自评。 学习结束后提交任务工单。

## 任务要求

（1）能够正确使用碱式滴定管。

（2）能配制并标定 NaOH 溶液。

（3）能正确使用酚酞判断滴定终点。

## 学习过程

### 1. 课前通过查阅资料，回答以下问题

（1）NaOH 标准溶液的制备方法是什么？

（2）如何配制 1000mL 0.1mol/L NaOH 溶液？

（3）NaOH 溶液应装在哪种滴定管中？ 存放 NaOH 溶液的试剂瓶能否用磨口瓶，为什么？

（4）配制和标定 NaOH 溶液时，称取固体 NaOH 及 $KHC_8H_4O_4$ 各用什么天平？为什么？

2. 填写 NaOH 标准溶液制备的数据记录表

| 编　号 | 1 | 2 | 3 |
|---|---|---|---|
| $KHC_8H_4O_4$+称量瓶质量/g | | | |
| 倾倒后 $KHC_8H_4O_4$+称量瓶质量/g | | | |
| $KHC_8H_4O_4$ 质量/g | | | |
| NaOH 溶液初读数/mL | | | |
| NaOH 溶液终读数/mL | | | |
| $V_{NaOH}$/mL | | | |
| $c_{NaOH}$/(mol/L) | | | |
| $\overline{c_{NaOH}}$/(mol/L) | | | |
| 相对偏差/% | | | |
| 相对平均偏差/% | | | |

## 课外巩固

### 一、填空

1. 欲配制 0.10mol/L 的 NaOH 溶液 500mL，应称取______g 固体 NaOH。

2. 称取 0.3280g $H_2C_2O_4 \cdot 2H_2O$ 来标定 NaOH 溶液，消耗 25.78mL，则 $c_{NaOH}$ = ________ mol/L。

## 二、选择

1. 配制 NaOH 溶液时，以下操作正确的是（　　）。

   A. 在试剂瓶里加入蒸馏水和固体 NaOH 直接配制

   B. 在烧杯中用适量蒸馏水将 NaOH 完全溶解后转移到试剂瓶中，再加入蒸馏水到所需体积

   C. 分析天平称取固体 NaOH 配制溶液

   D. 需要精确量取蒸馏水的体积

2. 以甲基橙为指示剂标定含有 $Na_2CO_3$ 的 NaOH 标准溶液，用该标准溶液滴定某酸以酚酞为指示剂，则测定结果（　　）。

   A. 偏高　　B. 偏低　　C. 不变　　D. 无法确定

3. NaOH 标准溶液为何不能直接配制（　　）。

   A. NaOH 是强碱　　B. 易吸收水分及空气中的 $CO_2$

   C. NaOH 不能准确称量　　D. NaOH 溶液难以准确定容

4. 标定 0.1mol/LNaOH 溶液时，称取基准物质 $KHC_8H_4O_4$ 的质量在 0.4~0.6g 之间的原因是（　　）。

   A. 控制滴定体积在 20mL~30mL　　B. 减小滴定误差

   C. 保证 NaOH 溶液的用量尽可能少　　D. 增大滴定结果的置信区间

# 考核评价

| 项　目 | 项目分数 | 实际得分 | | 总分 |
|---|---|---|---|---|
| | | 自评（20%） | 教师评分（80%） | |
| 预习情况 | 20 | | | |
| 操作过程 | 40 | | | |
| 实验结果 | 10 | | | |
| 工作态度 | 10 | | | |
| 任务工单 | 20 | | | |

# 任务三 高锰酸钾标准溶液的制备

## 任务描述

通过课前预习、教师讲解及视频资料的播放，获得 $KMnO_4$溶液配制与标定的相关知识，完成 $KMnO_4$溶液的配制与浓度的标定，学生依据考核标准自评。学习结束后提交任务工单。

## 任务要求

（1）能够正确使用电子天平、滴定管、容量瓶。

（2）能正确配制 $KMnO_4$标准溶液。

（3）能标定 $KMnO_4$溶液的浓度，控制标定的条件。

## 学习过程

### 1. 课前通过查阅资料，回答以下问题

（1）$KMnO_4$标准溶液能否用直接法配制？ 简述配制方法。

（2）标定 $KMnO_4$溶液的基准物质有哪些？

（3）$KMnO_4$标准溶液的标定反应及标定条件？

（4）标定 $KMnO_4$溶液时选用什么指示剂？ 为什么？ 终点什么颜色？

（5）哪些因素会加快 $KMnO_4$的自身分解？

（6）本实验应如何准确读取管中 $KMnO_4$溶液的液面读数？

## 2. 填写 $KMnO_4$溶液标定的数据记录表

（1）$KMnO_4$溶液（0.02mol/L）的配制（近似）

用________称取 $KMnO_4$固体____g，配成____mL 的 $KMnO_4$溶液待标定。

（2）用草酸钠标定 $KMnO_4$溶液

| 编　号 | 1 | 2 | 3 |
|---|---|---|---|
| $Na_2C_2O_4$+称量瓶质量/g | | | |
| 倾倒后 $Na_2C_2O_4$+称量瓶质量/g | | | |
| $Na_2C_2O_4$质量/g | | | |
| $KMnO_4$溶液初读数/mL | | | |
| $KMnO_4$溶液终读数/mL | | | |
| $V_{KMnO_4}$/mL | | | |
| $c_{KMnO_4}$/(mol/L) | | | |

续表

| 编　　号 | 1 | 2 | 3 |
|---|---|---|---|
| $\overline{c_{KMnO_4}}$/(mol/L) | | | |
| 相对偏差/% | | | |
| 相对平均偏差/% | | | |

## 课外巩固

1. 被 $KMnO_4$溶液污染的滴定管可用（　　）溶液洗涤。

   A. 铬酸洗液

   B. 碳酸钠

   C. 草酸

   D. 硫酸亚铁

2. 新配制的 $KMnO_4$溶液可用（　　）溶液标定其浓度。

   A. 基准物质草酸钠直接标定

   B. 加 KI 用硫代硫酸钠标准溶液间接标定

   C. 称取一定量的硫酸亚铁铵溶于水后，用 $KMnO_4$溶液滴定

   D. 重铬酸钾基准溶液标定

3. $KMnO_4$标准溶液在标定的过程中，应注意的事项有（　　）。

   A. 温度应在 75~85℃

   B. 酸度适当

   C. 滴定速度要慢

   D. 到出现粉红色后，应放置 2min 不褪色方为终点

4. 标定 $KMnO_4$标准滴定溶液的基准物质有（　　）。

   A. $Na_2C_2O_4$　　B. Zn

   C. CaO　　D. $K_2Cr_2O_7$

5. 配制 $KMnO_4$溶液时，煮沸 15min 的目的是（　　）。

   A. 除去试液中的杂质

   B. 赶出 $CO_2$

   C. 加快 $KMnO_4$溶解

D. 除去蒸馏水中的还原性物质

## 考核评价

| 项　　目 | 项目分数 | 实际得分 | | 总分 |
|---|---|---|---|---|
| | | 自评（20%） | 教师评分（80%） | |
| 预习情况 | 20 | | | |
| 操作过程 | 40 | | | |
| 实验结果 | 10 | | | |
| 工作态度 | 10 | | | |
| 任务工单 | 20 | | | |

# 任务四 硫代硫酸钠标准溶液的制备

## 任务描述

通过课前预习、教师讲解及视频资料的播放，获得 $Na_2S_2O_3$溶液配制与标定的相关知识，完成 $Na_2S_2O_3$溶液的配制与浓度的标定，学生依据考核标准自评。学习结束后提交任务工单。

## 任务要求

（1）学会碘量瓶的使用。

（2）能配制淀粉指示剂并用其指示滴定终点。

（3）能正确配制、标定和保存 $Na_2S_2O_3$标准溶液。

## 学习过程

### 1. 课前通过查阅资料，回答以下问题

（1）配制 $Na_2S_2O_3$溶液所用蒸馏水为什么要先煮沸再冷却后才能使用？

（2）重铬酸钾基准试剂标定 $Na_2S_2O_3$溶液时，终点附近溶液颜色如何变化？为何有此变化？

（3）标定 $Na_2S_2O_3$ 溶液时，淀粉指示剂为何要在临近终点时才加入？指示剂加入过早对标定结果有什么影响？

（4）标定 $Na_2S_2O_3$ 溶液浓度时，加入 KI 的量要很精确吗？

## 2. 填写 $Na_2S_2O_3$ 溶液标定的数据记录表

（1）$Na_2S_2O_3$ 溶液(0.1mol/L)的配制（近似）用________称取 $Na_2S_2O_3$ 固体____g，配成____mL 的 $Na_2S_2O_3$ 溶液待标定。

（2）用重铬酸钾标定 $Na_2S_2O_3$ 溶液

| 编　号 | 1 | 2 | 3 |
|---|---|---|---|
| $K_2Cr_2O_7$+称量瓶质量/g | | | |
| 倾倒后 $K_2Cr_2O_7$+称量瓶质量/g | | | |
| $K_2Cr_2O_7$质量/g | | | |
| $Na_2S_2O_3$溶液初读数/mL | | | |
| $Na_2S_2O_3$溶液终读数/mL | | | |
| $V_{Na_2S_2O_3}$/mL | | | |
| $c_{Na_2S_2O_3}$/（mol/L） | | | |
| $\overline{c_{Na_2S_2O_3}}$/(mol/L) | | | |
| 相对偏差/% | | | |
| 相对平均偏差/% | | | |

# 课外巩固

1. 为了使 $Na_2S_2O_3$ 溶液稳定，正确配制的方法是（　　）。

A. 将 $Na_2S_2O_3$ 溶液煮沸 1h，放置 7 天，过滤后再标定

B. 用煮沸冷却后的纯水配制 $Na_2S_2O_3$ 溶液后，即可标定

C. 用煮沸冷却后的纯水配制，放置 7 天后再标定

D. 用煮沸冷却后的纯水配制，且加入少量 $Na_2CO_3$，放置 7 天后再标定

2. 欲配制 500mL 0.1mol/L $Na_2S_2O_3$溶液，约需称取（　　）g 的 $Na_2S_2O_3 \cdot 5H_2O$（其摩尔质量为 248g/mol）？

A. 2.5g　　B. 5g　　C. 12.5g　　D. 25g

3. 配制 $Na_2S_2O_3$溶液时，应当用新煮沸并冷却的纯水，其原因是（　　）。

A. 使水中杂质都被破坏　　B. 杀死细菌

C. 除去 $CO_2$和 $O_2$　　D. B 和 C

4. 标定 $Na_2S_2O_3$溶液可选用的基准物质是（　　）。

A. $KMnO_4$　　B. 纯 Fe

C. $K_2Cr_2O_7$　　D. 维生素 C

## 考核评价

| 项　目 | 项目分数 | 实际得分 | | 总分 |
|---|---|---|---|---|
| | | 自评（20%） | 教师评分（80%） | |
| 预习情况 | 20 | | | |
| 操作过程 | 40 | | | |
| 实验结果 | 10 | | | |
| 工作态度 | 10 | | | |
| 任务工单 | 20 | | | |

# 任务五　乙二胺四乙酸标准溶液的制备

## 任务描述

通过课前预习、教师讲解及视频资料的播放，获得 EDTA 配制与标定的相关知识，完成 EDTA 溶液的配制与浓度的标定，学生依据考核标准自评。 学习结束后提交任务工单。

## 任务要求

（1）能够正确使用电子天平、滴定管、容量瓶。

（2）能正确配制 EDTA 标准溶液。

（3）能标定 EDTA 溶液的浓度，注意标定的条件。

## 学习过程

**1. 课前通过查阅资料，回答以下问题。**

（1）EDTA 标准溶液能否直接配制？ 为什么？

（2）为什么通常使用乙二胺四乙酸二钠盐配制 EDTA 标准溶液，而不用乙二胺四乙酸？

（3）用锌作基准物标定 EDTA 时选用什么指示剂？ 终点什么颜色？

（4）用铬黑 T 指示剂时，为什么要控制 pH≈10?

（5）试解释以铬黑 T 为指示剂的标定实验中的几个现象：

①滴加氨水至开始出现白色沉淀；

②加入缓冲溶液后沉淀又消失；

③用 EDTA 标准溶液滴定至溶液由酒红色变为纯蓝色。

## 2. 填写 EDTA 标定的原始数据记录表

（1）EDTA 溶液（0.05mol/L）的配制（近似）

称取 $Na_2H_2Y \cdot 2H_2O$ 固体______g，配成______mL 的 EDTA 溶液待标定。

（2）用氧化锌标定 EDTA 溶液

| 编　号 | 1 | 2 | 3 |
|---|---|---|---|
| ZnO+称量瓶质量/g | | | |
| 倾倒后 ZnO+称量瓶质量/g | | | |
| ZnO 质量/g | | | |
| 移取 $Zn^{2+}$ 标准溶液的体积/mL | 25.00 | 25.00 | 25.00 |
| EDTA 溶液初读数/mL | | | |
| EDTA 溶液终读数/mL | | | |
| $V_{EDTA}$/mL | | | |

续表

| 编　　号 | 1 | 2 | 3 |
|---|---|---|---|
| $c_{EDTA}$/(mol/L) | | | |
| $\overline{c_{EDTA}}$/(mol/L) | | | |
| 相对偏差/% | | | |
| 相对平均偏差/% | | | |

## 课外巩固

### 一、填空

1. EDTA 是一种氨羧配位剂，名称______，用符号______表示，其结构式为______。
2. 配制 EDTA 标准溶液时一般采用 EDTA________盐，分子式为________，标准溶液常用浓度为________。
3. 一般情况下水溶液中的 EDTA 总是以 $H_6Y^{2+}$、$H_5Y^+$、$H_4Y$、$H_3Y^-$、$H_2Y^{2-}$、$HY^{3-}$和________等七种型体存在，其中以________与金属离子形成的配合物最稳定，但仅在 pH________时 EDTA 才主要以此种型体存在。
4. 除个别金属离子外，EDTA 与大多数金属离子形成配合物时，配位比都是________。
5. 标定 EDTA 标准溶液，可用________作基准物。

### 二、选择

1. 欲配 1000mL 0.01mol/L 的 EDTA 溶液，合适的量器和存液容器为（　　）。

   A. 量筒和容量瓶　　B. 移液管和试剂瓶

   C. 量筒和试剂瓶　　D. 移液管和容量瓶

2. 配位滴定中使用的指示剂是（　　）。

   A. 吸附指示剂　　B. 自身指示剂

   C. 金属指示剂　　D. 酸碱指示剂

3. 已知 $M_{ZnO}=81.38$g/mol，用它来标定 0.02mol/L 的 EDTA 溶液，宜称取 ZnO 为（　　）。

   A. 4g　　B. 1g

   C. 0.4g　　D. 0.04g

4. 配位滴定中，使用金属指示剂二甲酚橙，要求溶液的酸度条件是（　　）。

A. pH=6.3~11.6　B. pH=6.0　C. pH>6.0　D. pH<6.0

5. 与配位滴定所需控制的酸度无关的因素为（　　）。

A. 金属离子颜色　B. 酸效应

C. 羟基化效应　D. 指示剂的变色

6. 分析室常用的 EDTA 是（　　）。

A. 乙二胺四乙酸　B. 乙二胺四乙酸二钠盐

C. 乙二胺四丙酸　D. 乙二胺

7. 以下关于 EDTA 标准溶液制备叙述错误的为（　　）。

A. 使用 EDTA 分析纯试剂先配成近似浓度再标定

B. 标定条件与测定条件应尽可能接近

C. EDTA 标准溶液应贮存于聚乙烯瓶中

D. 标定 EDTA 溶液须用二甲酚橙指示剂

8. 下列说法正确的是（　　）。

A. 用 EDTA 滴定时，只能使用碱式滴定管

B. 装 EDTA 的滴定管不必用 EDTA 溶液润洗

C. 滴定时，既可使用酸式滴定管，也可使用碱式滴定管

D. 用 EDTA 滴定时，只能使用酸式滴定管

## 考核评价

| 项　目 | 项目分数 | 实际得分 | | 总分 |
|---|---|---|---|---|
| | | 自评（20%） | 教师评分（80%） | |
| 预习情况 | 20 | | | |
| 操作过程 | 40 | | | |
| 实验结果 | 10 | | | |
| 工作态度 | 10 | | | |
| 任务工单 | 20 | | | |

# 任务六　硝酸银标准溶液的制备

## 任务描述

通过课前预习、教师讲解及视频资料的播放，获得 $AgNO_3$配制与标定的相关知识，完成 $AgNO_3$溶液的配制与浓度的标定，学生依据考核标准自评。学习结束后提交任务工单。

## 任务要求

（1）能正确配制 $AgNO_3$溶液。

（2）学会使用铬酸钾作指示剂判断滴定终点。

（3）能准确标定 $AgNO_3$溶液的浓度。

## 学习过程

### 1. 课前通过查阅资料，回答以下问题

（1）配制好的 $AgNO_3$标准溶液为什么要储于棕色瓶中，并置于暗处?

（2）莫尔法中，为什么溶液的 pH 必须控制在 6.5~10.5?

（3）以 $K_2CrO_4$作指示剂时，指示剂浓度过大或过小对测定有何影响？

（4）实验完毕后，盛装 $AgNO_3$溶液的滴定管如何洗涤？

## 2. 填写 $AgNO_3$溶液标定的原始数据记录表

| 编　号 | 1 | 2 | 3 |
|---|---|---|---|
| NaCl+称量瓶质量/g | | | |
| 倾倒后 NaCl +称量瓶质量/g | | | |
| NaCl 质量/g | | | |
| $AgNO_3$溶液初读数/mL | | | |
| $AgNO_3$溶液终读数/mL | | | |
| $V_{AgNO_3}$/mL | | | |
| $c_{AgNO_3}$/(mol/L) | | | |
| $\overline{c_{AgNO_3}}$/(mol/L) | | | |
| 相对偏差/% | | | |
| 相对平均偏差/% | | | |

## 课外巩固

### 一、填空

1. $AgNO_3$标准溶液应贮存在________中，因为它见光易________。保存过久的 $AgNO_3$标准溶液，使用前应________。

2. $AgNO_3$标准溶液滴定时也必须使用________滴定管。$AgNO_3$有________，应注意勿与皮肤接触。

3. 配制 $AgNO_3$标准溶液的水应无________，否则配成的 $AgNO_3$溶液出现白色浑浊，不能使用。

4. 标定 $AgNO_3$标准溶液时，应用力振摇__________，使被吸附的离子释放出来，以得到准确的终点。

## 二、选择

1. 标定 $AgNO_3$用的氯化钠干燥的条件是（　　）。

A. 100℃烘至恒重　　B. 180℃烘至恒重

C. 250℃烘至恒重　　D. 500~600℃烘至恒重

2. 莫尔法测定 $Cl^-$含量时，要求介质在 pH=6.5~10.0 范围内，若酸度过高，则会（　　）。

A. AgCl 沉淀不完全　　B. AgCl 沉淀吸附 $Cl^-$能力增强

C. $Ag_2CrO_4$沉淀不易形成　　D. 形成 $Ag_2O$ 沉淀

3. 用氯化钠基准试剂标定 $AgNO_3$溶液浓度时，溶液酸度过大，会使标定结果（　　）。

A. 偏高　　B. 偏低

C. 不影响　　D. 难以确定其影响

## 考核评价

| 项　　目 | 项目分数 | 实际得分 | | 总分 |
|---|---|---|---|---|
| | | 自评（20%） | 教师评分（80%） | |
| 预习情况 | 20 | | | |
| 操作过程 | 40 | | | |
| 实验结果 | 10 | | | |
| 工作态度 | 10 | | | |
| 任务工单 | 20 | | | |

# 项目四

# 重量分析基本操作

## 任务一 二水合氯化钡中结晶水的测定

### 任务描述

通过课前预习、教师讲解及视频资料的播放，在完成相关知识学习的基础上，由教师指导对水合氯化钡中的结晶水进行测定，学生依据考核标准自评。 学习结束后提交任务工单。

### 任务要求

（1）能用挥发法测定化合物中结晶水含量。

（2）能对样品进行恒重操作并判断样品是否恒重。

### 学习过程

**1. 课前通过查阅资料，回答以下问题**

（1）挥发法适用于哪些物质的测定？ 它根据什么原理？

（2）哪些物质可以使用直接干燥法测定水分含量?

（3）进行物质恒重时应注意哪些细节?

## 2. 填写水合氯化钡中结晶水测定的原始数据记录表

| 编　号 | 1 | 2 |
|---|---|---|
| $m_1$/g | | |
| $m_2$/g | | |
| $m_{试样}$/g | | |
| $w_{结晶水}$/% | | |
| $\overline{w_{结晶水}}$/% | | |

## 课外巩固

1. 挥发法常用于（　　）试样中水分、结晶水或其他易挥发组分的含量测定。

A. 固体　　B. 液体

C. 液-固混合物　　D. 气体

2. $BaCl_2 \cdot 2H_2O$ 中的结晶水可在（　　）的温度下恒温加热至水分完全失去，同时无水$BaCl_2$又不挥发。

A. 100℃　　B. 115℃

C. 125℃　　D. 130℃

# 考核评价

| 项　目 | 项目分数 | 实际得分 | | 总分 |
|---|---|---|---|---|
| | | 自评（20%） | 教师评分（80%） | |
| 预习情况 | 20 | | | |
| 操作过程 | 40 | | | |
| 实验结果 | 10 | | | |
| 工作态度 | 10 | | | |
| 任务工单 | 20 | | | |

# 任务二　二水合氯化钡中钡含量的测定

## 任务描述

通过课前预习、教师讲解及视频资料的播放，在完成相关知识的学习的基础上，由教师指导对氯化钡中的钡含量进行测定，学生依据考核标准自评。学习结束后提交任务工单。

## 任务要求

（1）能进行沉淀的制备、过滤、洗涤、灼烧及恒重等操作。

（2）能用马弗炉对样品进行灼烧处理并能准确判断样品是否恒重。

（3）能用重量分析法测定水合氯化钡中钡的含量。

## 学习过程

### 1. 课前通过查阅资料，回答以下问题

（1）为什么要在稀热 HCl 溶液中且不断搅拌下逐滴加入沉淀剂沉淀 $BaSO_4$？HCl 加入太多有何影响？

（2）什么叫倾泻法过滤？ 洗涤沉淀时，应遵循什么原则？

（3）为什么要在热溶液中沉淀 $BaSO_4$，但要在冷却后过滤？ 晶形沉淀为何要陈化？

（4）什么是灼烧至恒重？

## 2. 填写氯化钡中钡含量测定的原始数据记录表

| 编　号 | 1 | 2 |
|---|---|---|
| $m_{试样}$/g | | |
| $m_1$/g | | |
| $m_2$/g | | |
| $w_{Ba}$/% | | |
| $\overline{w_{Ba}}$/% | | |

## 课外巩固

1. 下面关于重量分析不正确的操作是（　　）。

A. 过滤时，漏斗的颈应贴着烧杯内壁，使滤液沿杯壁流下，不致溅出

B. 沉淀的灼烧是在洁净并预先经过两次以上灼烧至恒重的坩埚中进行

C. 坩埚从马弗炉中取出后应立即放入干燥器中

D. 灼烧空坩埚的条件必须与以后灼烧沉淀时的条件相同

2. 在重量法测定硫酸根实验中，恒重要求两次称量的绝对值之差为（　　）。

A. 0.2~0.4g　　B. 0.2~0.4mg

C. 0.02~0.04g　　D. 0.02~0.04mg

3. 在重量法测定硫酸根实验中，检验沉淀洗涤是否完全可用（　　）。

A. 硝酸银　　B. 氯化钠

C. 氯化钡　　　　D. 甲基橙指示剂

4. 在重量法测定硫酸根实验中，过滤时采用的滤纸是（　　）。

A. 中速定性滤纸　　　　B. 中速定量滤纸

C. 慢速定性滤纸　　　　D. 慢速定量滤纸

5. 在重量法测定硫酸根实验中，硫酸钡沉淀是（　　）。

A. 非晶形沉淀　　　　B. 晶形沉淀

C. 胶体　　　　D. 无定形沉淀

## 考核评价

| 项　　目 | 项目分数 | 实际得分 | | 总分 |
|---|---|---|---|---|
| | | 自评（20%） | 教师评分（80%） | |
| 预习情况 | 20 | | | |
| 操作过程 | 40 | | | |
| 实验结果 | 10 | | | |
| 工作态度 | 10 | | | |
| 任务工单 | 20 | | | |

# 项目五

# 有机实验基本操作

## 任务一 乙酰苯胺的重结晶

### 任务描述

通过课前预习、教师讲解及视频资料的播放，完成对粗乙酰苯胺重结晶，实现乙酰苯胺的纯化，学生依据考核标准自评。 学习结束后提交任务工单。

### 任务要求

（1）能够正确进行重结晶、减压过滤、热过滤以及洗涤干燥操作。

（2）能够用重结晶方法提纯固体有机物。

### 学习过程

**1. 课前通过查阅资料，回答以下问题**

（1）填写主要试剂及产品的物理常数。

| 名称 | 相对分子质量 | 性状 | 相对密度 | 熔点/℃ | 沸点/℃ | 溶解度/（g/100mL 溶剂） | | | 用量 |
|---|---|---|---|---|---|---|---|---|---|
| | | | | | | 水 | 醇 | 醚 | |
| 乙酰苯胺 | | | | | | | | | |

（2）乙酸苯胺在水中的溶解度与温度的关系。

| 温度/℃ | 20 | 25 | 50 | 80 | 100 |
|---|---|---|---|---|---|
| 乙酰苯胺饱和浓度/% | 0.46 | 0.56 | 0.84 | 3.45 | 5.5 |

（3）理想溶剂必须具备的条件是什么？

（4）溶剂选择的方法是什么？

（5）将乙酰苯胺粗产品制成饱和溶液时，为什么选择锥形瓶作为容器？

（6）使用活性炭脱色应该注意哪些问题？

（7）使用布氏漏斗过滤时，如果滤纸大于布氏漏斗瓷孔面时，有什么不好？

## 2. 用框图写出乙酰苯胺重结晶的过程

### 3. 填写乙酰苯胺重结晶的原始数据记录表

| 乙酰苯胺粗品质量/g | 表面皿质量/g | 表面皿+产品质量/g | 产品质量/g | 收率/% |
|---|---|---|---|---|
| | | | | |

## 课外巩固

1. 重结晶是利用混合物中多组分在某种溶剂中的________不同，或在同一溶剂中不同温度时的________不同，而使它们相互分离的方法。
2. 重结晶只适宜杂质含量在________以下的固体有机混合物的提纯。从反应粗产物直接重结晶是不适宜的，必须先采取其他方法初步提纯，然后再重结晶提纯。
3. 选择适宜的溶剂在重结晶过程中非常重要，常用的溶剂有________、________、________等，选择溶剂的原理是________。
4. 重结晶的一般步骤：选择溶剂—________—除去杂质—晶体析出—________—晶体的干燥。

## 考核评价

| 项　　目 | 项目分数 | 实际得分 | | 总分 |
|---|---|---|---|---|
| | | 自评（20%） | 教师评分（80%） | |
| 预习情况 | 20 | | | |
| 操作过程 | 40 | | | |
| 实验结果 | 10 | | | |
| 工作态度 | 10 | | | |
| 任务工单 | 20 | | | |

# 任务二　乙醇的蒸馏

## 任务描述

通过课前预习、教师讲解及视频资料的播放，对酒精进行蒸馏，完成乙醇和水的分离，学生依据考核标准自评。学习结束后提交任务工单。

## 任务要求

（1）能够正确进行蒸馏操作。

（2）能够规范地装配和拆卸蒸馏装置。

## 学习过程

### 1. 课前通过查阅资料，回答以下问题

（1）主要试剂及产品的物理常数（文献值）。

| 名　称 | 相对分子质量 | 性状 | 相对密度（15/4℃） | 沸点/℃ | 溶解度/（g/100mL 溶剂） | | | 用量/mL(g) |
|---|---|---|---|---|---|---|---|---|
| | | | | | 水 | 醇 | 醚 | |
| 工业乙醇 | | | | | | | | |

（2）进行蒸馏时，为什么要加入沸石？如果蒸馏前忘记加沸石，液体接近沸点时，应如何处理？

（3）温度计水银球的上部为什么要与蒸馏头侧管的下限在同一水平线上？ 过高或过低会造成什么结果？

（4）如果液体物质具有恒定的沸点，能否认为一定是纯物质？ 为什么？

（5）蒸馏仪器安装的顺序是怎样的？ 应该遵循什么样的原则？

（6）蒸馏时蒸馏瓶中加入的液体为什么要控制在其容积的 1/3 和 2/3 之间？

（7）蒸馏的速度太快或太慢会造成什么结果？

2. 画出蒸馏装置图

### 3. 填写乙醇蒸馏的原始数据记录表

| 温度/℃ | <77 | 77~79 | >79 |
| --- | --- | --- | --- |
| 馏出液体积/mL | | | |

## 课外巩固

1. 蒸馏法的基本原理都是利用液体混合物中各组分________的不同来进行分离。
2. 在同一温度下，不同物质具有不同的蒸气压，低沸点物质蒸汽压________，高沸点物质蒸气压________。
3. 一般沸点低于 80℃的蒸馏采用水浴加热，可将烧瓶浸入水浴中，水浴的液面应略________（高于/低于）烧瓶内被蒸物质的液面。
4. 冷凝水应从冷凝管的________流入，________流出，以保证冷凝管的套管中始终充满水，水龙头应缓慢打开。

## 考核评价

| 项　　目 | 项目分数 | 实际得分 | | 总分 |
| --- | --- | --- | --- | --- |
| | | 自评（20%） | 教师评分（80%） | |
| 预习情况 | 20 | | | |
| 操作过程 | 40 | | | |
| 实验结果 | 10 | | | |
| 工作态度 | 10 | | | |
| 任务工单 | 20 | | | |

# 任务三 碘的萃取

## 任务描述

通过课前预习、教师讲解及视频资料的播放，了解萃取的原理及分液漏斗的使用方法，完成从碘水中分离碘的任务，学生依据考核标准自评。 学习结束后提交任务工单。

## 任务要求

（1）能够正确进行萃取操作。

（2）能够规范地使用分液漏斗。

## 学习过程

### 1. 课前通过查阅资料，回答以下问题

（1）在萃取过程中若产生乳化现象，应采取哪些措施？

（2）使用分液漏斗的目的何在？ 使用分液漏斗时要注意哪些事项？

（3）两种不相溶的液体同在分液漏斗中，请问相对密度大的在哪一层？ 下一层液体从哪里放出来？ 放出液体时为了不要流的太快，应该怎样操作？ 留在分液漏斗中的上层液体，应从哪里倾入另一容器？

2. 填写碘的萃取的原始数据记录表

| 溶液 | 萃取剂 | 分层 | 萃取前 | | 萃取后 | |
|---|---|---|---|---|---|---|
| | | | 溶剂 | 颜色 | 溶剂 | 颜色 |
| 碘水 10mL | 四氯化碳 4mL | 上层 | | | | |
| | | 下层 | | | | |

## 课外巩固

1. 萃取是利用物质在两种不互溶（或微溶）的溶剂中________的不同来达到分离、提取或纯化目的的一种操作。
2. 在萃取实验中用得最多的是水溶液中物质的萃取，最常使用的萃取器皿为________。
3. 萃取溶剂的选择，应根据被萃取化合物的________而定，同时要与原溶剂________，所以最好用________溶剂。
4. 每次使用萃取溶剂的体积一般是被萃取液体的________，两者的总体积不应超过分液漏斗总体积的________。

## 考核评价

| 项　目 | 项目分数 | 实际得分 | | 总分 |
|---|---|---|---|---|
| | | 自评（20%） | 教师评分（80%） | |
| 预习情况 | 20 | | | |
| 操作过程 | 40 | | | |
| 实验结果 | 10 | | | |
| 工作态度 | 10 | | | |
| 任务工单 | 20 | | | |

# 基础化学实验
# 任务工单

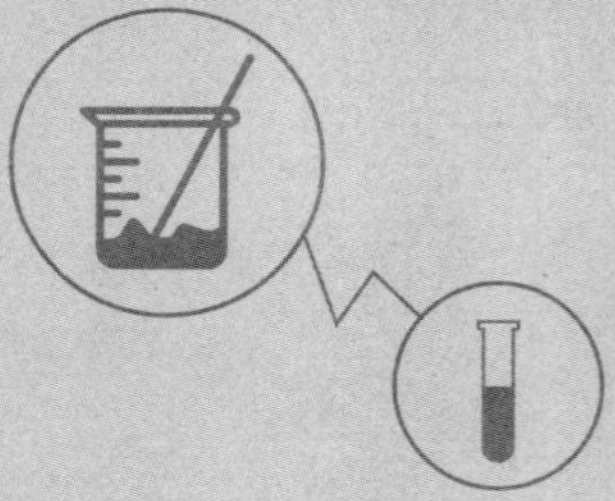

### 2. 装液

用量筒量取 10mL 碘的饱和水溶液，倒入分液漏斗，然后再注入 4mL $CCl_4$，盖好玻璃塞。

### 3. 振荡

用右手压住分液漏斗口部，左手握住活塞部分，把分液漏斗倒转过来振荡，使两种液体充分接触，振荡后打开活塞，使漏斗内气体放出。

### 4. 静置分层

将分液漏斗放在铁架台上，静置待液体分层。

### 5. 分液

将分液漏斗颈上的玻璃塞打开（或使塞上的凹槽对准漏斗上的小孔），再将分液漏斗下面的活塞拧开，使下层液体慢慢沿烧杯壁流下。 待下层液体全部流尽时，迅速关闭活塞。 烧杯中的碘的 $CCl_4$ 溶液回收到指定容器中，分液漏斗内上层液体由分液漏斗上口倒出。

### 6. 回收

将碘的 $CCl_4$ 溶液倒入指定的容器中，清洗仪器。

## 三、技术提示

（1）将含有碘的水溶液和萃取溶剂依次自上口倒入分液漏斗。

（2）使用低沸点溶剂（如乙醚）作萃取剂时，应注意在振荡过程中要不时地放气。 否则，分液漏斗中的液体易从上口塞处喷出。

（3）如在振荡过程中，液体出现乳化现象，可以通过加入强电解质（如食盐）破乳。

（4）分液时，下层液体从漏斗下端放出，上层液体要从漏斗口倾出。

（5）萃取过程中要遵循“少量多次”原则。 同样体积的有机溶剂，萃取次数越多，效果越好。

（6）$CCl_4$ 蒸气对人体有伤害，使用时注意安全。

## 四、数据记录

将实验结果填入表 5-5。

表 5-5　用 $CCl_4$ 萃取碘水中碘的实验记录

| 溶液 | 萃取剂 | 分层 | 萃取前 | | 萃取后 | |
|---|---|---|---|---|---|---|
| | | | 溶剂 | 颜色 | 溶剂 | 颜色 |
| 碘水 10mL | $CCl_4$ 4mL | 上层 | | | | |
| | | 下层 | | | | |

## 五、考核标准

考核标准见表 5-6。

表 5-6　　考核标准

| 考核项目 | 考核内容 | 分值 | 得分 |
|---|---|---|---|
| 萃取 | 检查玻璃塞、旋塞是否配套 | 10 | |
| | 将分液漏斗洗涤干净、干燥 | 10 | |
| | 涂凡士林正确 | 5 | |
| | 分液漏斗放置于铁圈 | 5 | |
| | 被萃取液及萃取液的加入，液体总体积未超过漏斗容积的 2/3 | 5 | |
| | 萃取剂使用正确 | 5 | |
| | 振荡混合操作正确 | 10 | |
| | 振荡过程中排气 | 5 | |
| | 放液时打开上口玻璃塞 | 5 | |
| | 上层液体从上口倒出 | 5 | |
| | “少量多次”萃取 | 5 | |
| 数据记录及处理 | 实验现象及时、真实、整洁 | 5 | |
| | 实验现象记录准确 | 5 | |
| 职业素质 | 穿实验服、文明操作、无仪器损坏 | 5 | |
| | 严谨认真、不断探索 | 5 | |
| | 注重安全、环保、节约 | 5 | |
| | 实验结束物品归位，台面整洁 | 5 | |